Dr. Arnold Stangl

Ein neuer Blickwinkel auf bekannte Phänomene der Physik

Die Energiegleichungen von Einstein und das universelle Potential

Impressum:

Erweiterte Auflage 2019 Neubiberg 2019
Verfasser: Dr. Arnold Stangl
        Albrecht-Dürer-Straße 9a
        85579 Neubiberg
© / Copyright: Dr. Arnold Stangl
Herstellung und Verlag: Books on Demand
ISBN: 978-375286843-2

Printed in Germany

Ein neuer Blickwinkel auf bekannte Phänomene der Physik

Die Energiegleichungen von Einstein und das universelle Potential

Die Relativitätstheorie von Einstein und seine Beiträge zur Quantenphysik haben unsere Vorstellungen von Raum und Zeit revolutioniert.

Die Betrachtung bekannter Phänomene aus einem neuen Blickwinkel aber kann –bei voller Akzeptierung aller Ergebnisse von Einsteins Theorien- auch neue Einsichten eröffnen.
Dass dies der Fall ist, soll die vorliegende Arbeit zeigen.

Wichtigste Ergebnisse

Eine energetische Interpretation kinematischer Größen wie der Gammafaktor der speziellen Relativitätstheorie und die Lichtgeschwindigkeit führt zum Begriff eines universellen Potentials. Ein Zusatzpotential hierzu (kinetisches oder gravitatives oder Rotations-Potential) verursacht allgemein die Zeitdilatation. Ist es Null, so erklärt sich unser eigener Zeitstandard.

Grundsätzlich ist ein Potential ursächlich verantwortlich für das Quadrat von Signalgeschwindigkeiten im ruhenden und im expandierenden Medium (im letzteren Fall umgekehrt proportional zum Skalenfaktor der Expansion)

Im Feld erfüllten ruhenden und expandierenden Raum kann wegen der Konstanz des Quadrats der Lichtgeschwindigkeit dies nicht direkt übernommen werden.
Nicht die Lichtgeschwindigkeit oder ihr Quadrat, sondern das universelle Potential muss so als die eigentliche ursächliche Naturkonstante aufgefasst werden.

Dem universellen Potential entspricht eine universelle gradientenfreie Massendichte, die keine Auswirkungen auf die Bewegung von Himmelskörpern hat. Erst durch Einlagerung einer kompakten Masse kommt es zur Bildung eines Gradienten. Schwere und Trägheit sind nicht Eigenschaften der Körper, sondern werden durch Änderung der Feldstruktur auf eine gemeinsame Ursache zurückgeführt, womit auch ihre Gleichheit erklärt wird.

Die Struktur des Feldes nach Einlagerung einer kompakten Masse führt zu einem nicht an Materie gebundenen Massenäquivalent, das über einen längeren Zeitraum linear anwachsend erst bei großen Entfernungen gravitativ dominant wird. Die konstante Umlaufgeschwindigkeit von Sternen am Galaxienrand im heutigen Universum wird so erklärt. Dunkle kompakte Massen existieren nicht. Sie werden ersetzt durch gravitativ wirkende Massenäquivalente.

Nach Korrektur von Eigenbewegungen relativ zur kosmischen Hintergrundstrahlung wird deren Homogenität und Isotropie noch deutlicher. Das „Zwillingsparadoxon" stößt an seine Grenzen. Nimmt man umgekehrt eine größere Eigengeschwindigkeit an, so ergeben sich Verhältnisse, die ein universelles Bezugssystem nahelegen, das in der Kosmologie als Substratum bezeichnet wird. Ein neu konzipiertes „Drillingsparadoxon" untermauert nun genau diese Konzeption des Substratums.

Es wird eine alternative Erklärung der Inflationsphase zu Beginn der kosmischen Expansion durch Berücksichtigung einer Zeitdilatation in der Anfangsphase gegeben. (z. B. auf Grund extrem hoher Massendichte). Dies würde ohne Inflationsphase dann Ausgleichsvorgänge ermöglichen für die bei klassischer Betrachtung mit konstanter Lichtgeschwindigkeit einfach nicht genug Zeit zur Verfügung stände. Dies ist in Analogie zu den in großer Höhe. entstehenden fast lichtschnellen Myonen zu sehen

Eine Raumzeit mit Berücksichtigung von Quanten ergibt einen anschaulichen Zugang zur Unbestimmtheitsrelation von Heisenberg

Die näherungsweise Betrachtung physikalischer Größen und Prozesse in einer gequantelten Raumzeit zeigt, dass Gravitationsfelder nur eine begrenzte Reichweite haben.

Zur Entstehung dieser Schrift

Die vorliegenden Überlegungen für einen neuen Blickwinkel auf bekannte Phänomene der Physik sind das Ergebnis meines Versuchs Themen, die mich besonders interessierten, besser zu verstehen.

Dabei standen Themenkreise aus der Relativitätstheorie, insbesondere Mechanik und Gravitation im Vordergrund, da hier am deutlichsten die neuen revolutionären Erkenntnisse einer vierdimensionalen Raumzeit auftreten

> Neu ist nun die Idee ursprünglich kinematisch definierte Größen durch energetisch motivierte Überlegungen zu interpretieren. Beispiele sind die Lichtgeschwindigkeit und der Gamma-Faktor der speziellen Relativitätstheorie.

Das erste Ergebnis dabei war, dass das Quadrat von Signalgeschwindigkeiten grundsätzlich von einem Potential verursacht wird, im Falle des Lichts von einem homogenen, isotropen, ja sogar universellen Potential auf dem alle weiteren Gedanken aufbauten, und das die Zeitdilatation und unseren Zeitstandard begründet.

Das nächste für mich überraschende Ergebnis war es, dass damit auch Fragen aus der Kosmologie eine mögliche Antwort fanden:

> Gleichheit von Trägheit und Schwere aus einem gemeinsamen Ursprung
> Konstante Umlaufgeschwindigkeiten von Sternen am Galaxienrand
> Ein nicht stoffliches Massenäquivalent ersetzt die dunkle, kompakte Materie.

Ziel war es auch, die durch bewundernswerte Leistungen an Abstraktion erreichten physikalischen Erkenntnisse soweit möglich unserem Vorstellungsvermögen etwas näher zu bringen. Hierbei hilft oft der Weg über Näherungsgleichungen

Ein Freund fragte mich: Wozu kannst Du das brauchen?
Meine Antwort war: Zur Befriedigung meiner intellektuellen Neugierde.

Die spezielle Themenauswahl kam wohl unbewusst wie folgt zustande:

> Die Kraft hatte für mich stets etwas Archaisches.
> Den Begriff der Energie fand ich umfassender.
> Das Potential und seine Anwendungen faszinierten mich einfach.

Prüfstein für alle Überlegungen war natürlich stets die volle Übereinstimmung mit den bekannten Ergebnissen aus der Physik.

Vom fachlichen Inhalt gehen wesentliche Teile auf viele Diskussionen mit meinem Sohn Rolf zurück.

Da die Arbeit zunächst nicht für eine Veröffentlichung und auch nicht für ein Sachbuch gedacht war, zeichne ich allein verantwortlich für die vorliegende, etwas eigenwillige Version, die frei von allen guten Ratschlägen für Aufbau, Formelumfang, Formulierung und wissenschaftlichen Standard ist.

Konsequenterweise steht jetzt eine Überarbeitung an, die Basis für das weitere Vorgehen z.B. für eine Veröffentlichung sein kann.

Motiviert haben natürlich stets alle, auch kritischen Diskussionen, im Freundeskreis. So bin ich offen und dankbar für Ideen und Unterstützung für das weitere Vorgehen.

Inhaltsverzeichnis

1. Grundsätzliches zur Physikbeschreibung *Allgemein*

Das Buch der Natur ist weitgehend in der Sprache der Mathematik geschrieben. Diese Sprache und Ihre Regeln muss man als Physiker kennen.

Bezugssysteme

Sie können relativ zueinander in Ruhe sein, dabei verschoben oder verdreht sein oder in verschiedenen Formen der relativen Bewegung sein, wie z.B. in gleichförmiger oder beschleunigter Bewegung oder in Rotation.

Es ist zweckmäßig nicht die Ruhe als Spezialfall der Bewegung aufzufassen, sondern umgekehrt die relative Ruhe zueinander als Ausgangspunkt einer Bewegung zu sehen. Dann ist klar wer sich relativ zu wem bewegt.

Die Bezugssysteme sind grundsätzlich gleichberechtigt für die forminvariante Formulierung der Naturgesetze. Inertialsysteme sind ein besonders einfacher Spezialfall mit gleichförmiger Geschwindigkeit zueinander.

Sie können dennoch unterschieden werden, und zwar durch ihr Energieniveau bzw. Potentialsniveau.

Ein expandierendes Bezugssystem stellt eine Sondersituation dar, wobei natürlich auch die Forminvarianz der Naturgesetze zu jedem Zeitpunkt gilt.

Wahl eines Systembezugs

Bei der Wahl eines Systembezugs ist man nicht immer frei. Beispiele sind:

Absolute Temperatur in Kelvin, mit dem Bezugspunkt Null sowie
Energie und Potential in der Relativitätstheorie, wobei das Bezugsniveau nicht Null ist, sondern einen endlichen, nicht frei wählbaren Wert hat.

Koordinatensysteme

Sie werden nach Zweckmäßigkeit für das zu behandelnde Problem gewählt,

Kartesische Koordinaten Zylinderkoordinaten
Polarkoordinaten Kugelkoordinaten usw.

Mathematische Verfahren

Sie sind den zu lösenden Problemen angepasst und erlauben eine besonders übersichtliche Darstellung, z.B.

Algebra, Differentialrechnung
Matrizenrechnung
Vektorrechnung, Vektoranalysis
Vierervektoren in der speziellen Relativitätstheorie
Tensoralgebra und Tensoranalysis in der allgemeinen Relativitätstheorie

Naturkonstante

Sie sind eigenständig und nicht verursacht
Sie sind Skalare, keine Vektoren

2. Energiebetrachtungen zu Maßgrößen in der Physik *Energie*

Es hat mich interessiert ob energetisch motivierte Überlegungen aus der Quantenphysik und der speziellen Relativitätstheorie eine Basis für Maßgrößen in der Physik liefern können. Überraschender Weise ergeben sich identisch die Quadrate der Planck-Einheiten.

2.1. Energie und Bildung geometrischer Maßgrößen

Es werden zuerst zwei charakteristische Längen aus völlig verschiedenen Gebieten der Physik ermittelt.

Gravitations-Radius (Erste charakteristische Länge)

Die gravitative Feldenergie einer Masse m mit dem Radius R_G (klassische Physik) wird in grober Näherung gleich seiner Energie E nach der Einstein-Formel gesetzt. Wir gewinnen daraus eine charakteristische Länge, die direkt proportional zur Masse und zur Gravitationskonstanten G ist und als Gravitationsradius R_G bezeichnet wird.

$$E_G = G \cdot \frac{m^2}{R_G} = m \cdot c^2 \qquad\qquad R_G = \frac{G}{c^2} \cdot m \quad \text{Gravitationsradius}$$

Ohne die verwendete Näherung gilt für den Ereignishorizont R_H eines rotierenden schwarzen Lochs:

$$R_H = \frac{Gm}{c^2} + \sqrt{\left(\frac{Gm}{c^2}\right)^2 - a^2} \quad \text{mit} \quad a = \frac{J}{mc} \quad \text{und dem Drehimpuls } J$$

Für ein nicht rotierendes schwarzes Loch mit dem Drehimpuls $J = 0$, also $a = 0$, ist der Ereignishorizont R_H mit dem Radius R_S aus der Schwarzschild-Metrik identisch

$$R_H = 2\frac{Gm}{c^2} = R_S$$

Für ein maximal rotierendes Schwarzes Loch darf der Drehimpuls nur soweit ansteigen wie die Wurzel nicht negativ wird, also maximal auf $a^2 = \left(\frac{Gm}{c}\right)^2$, d.h. der Wurzelausdruck wird Null. Die so ermittelte charakteristische Größe wird als Gravitationsradius bezeichnet.

$$R_G = \frac{G}{c^2} \cdot m \qquad\qquad \text{Gravitationsradius}$$

Der Gravitationsradius ist proportional zu m

Broglie-Wellenlänge (zweite charakteristische Länge)

Die Energie E_S eines Photons einer monochromatischen Strahlung (Quantenphysik) wird gleich der Energie nach der Einstein-Formel gesetzt. Daraus folgt eine weitere charakteristische Länge, die jetzt aber umgekehrt proportional zur Masse m ist und mit h als Wirkungsquant direkt der Materiewellenlänge λ_B nach DeBroglie entspricht:

Mit $c = \lambda \cdot v$ sowie $p = m \cdot c$ folgt die DeBroglie-Wellenlänge

$$E_S = h \cdot v = m \cdot c^2 \qquad\qquad \lambda_B = \frac{h}{m \cdot c} = \frac{h}{p}$$

Die Broglie Wellenlänge ist umgekehrt proportional zu m

2.2. Maßgrößen für Masse, Länge, Zeit und weitere Größen

Masse

Auf Grund der Struktur der beiden Gleichungen für den Gravitationsradius R_G und die Brooglie-Wellenlänge λ_B gibt es eine ganz bestimmte Masse m, bei der die beiden Längen gleich sind, also

$$R_G = \lambda_B \qquad \text{also} \qquad \frac{G}{c^2} \cdot m = \frac{h}{c \cdot m}$$

Man erhält so für das Quadrat der Masse einen Ausdruck der direkt dem Quadrat der Planck-Masse entspricht und daher gleich mit dem Index P geschrieben wird.

$$m_p^2 = \frac{h \cdot c}{G} \qquad\qquad \text{mit} \quad m_P = 2{,}1765 \cdot 10^{-8} \, kg$$

Länge

Durch Bildung des Produkts $R_G \cdot \lambda_B = l_p^2$ wird die Masse eliminiert und man erhält so eine charakteristische Maßgröße mit der Dimension einer Fläche bzw. eines Längenquadrats das nur noch von den drei Naturkonstanten G, h und c abhängt.

$$l_P^2 = R_G \cdot \lambda_B = \frac{G \cdot h}{c^5} \qquad\qquad \text{mit} \qquad\qquad l_P = 1{,}616199 \cdot 10^{-35} \, m$$

Als Quadrat einer Länge aufgefasst ist dieses charakteristische Maß l_p^2 direkt dem Quadrat der Planck-Länge gleich

Zeit

$$E = h \cdot \nu = \frac{h}{t_p} = m_P c^2 \qquad \text{also} \quad t_P = \frac{h}{m_p c^2} \qquad \text{bzw.} \quad t_P^2 = \frac{h^2}{m_P^2 c^4}$$

Nach Einsetzen von m_P^2 aus der vorhergehenden Beziehung folgt:

$$t_P^2 = \frac{l_P^2}{c^2} = \frac{G \cdot h}{c^5} \qquad\qquad \text{mit} \qquad\qquad t_P = 5{,}39106 \cdot 10^{-44} \ s$$

Dieses Maß ist direkt gleich dem Quadrat der Planck-Zeit.

Lichtgeschwindigkeit

Die Geschwindigkeit ist der Quotient aus Weg und Zeit, also gilt für das Quadrat der Lichtgeschwindigkeit:

$$c^2 = \frac{l_P^2}{t_P^2} = \frac{Gh/c^3}{Gh/c^5} = c^2 \qquad\qquad \text{mit} \qquad\qquad c = 2{,}99792458 \cdot 10^6 \ m/s$$

Jetzt aber abgeleitet aus den vorherigen Beziehungen

Weitere Größen

Planck-Energie	$E_P = \cdot m_P \cdot c^2$	$E_p = 1{,}9561 \cdot 10^9 \ J$
Kontrollrechnung	$E_P \cdot t_P = h$	$l_P \cdot p_P = h$
Plancksche Konstante	$h = 6{,}63 \cdot 10^{-34} \ Js$	

3. Forminvarianz der Naturgesetze in allen Bezugssystemen *Energie*

Es hat mich besonders interessiert, ob energetisch motivierte Überlegungen einen Beitrag zu der Frage liefern können, ob sich trotz der Gleichwertigkeit der Bezugssysteme für die kovariante Formulierung der Naturgesetze letztlich doch Eigenschaften angeben lassen, in denen sich die Bezugssysteme unterscheiden, z.B. ein verschiedenes Energie- bzw. Potentialniveau.

3.1. Transformationsgleichungen zwischen Bezugssystemen

Die Forminvarianz der Naturgesetze gilt für alle Bezugssysteme, die Inertialsysteme sind ein einfacher Sonderfall.

Naturkonstante sind die einfachsten Naturgesetze. Sie gelten grundsätzlich direkt ohne Transformationsgleichungen in jedem Bezugssystem. Sie existieren ohne verursacht zu sein. Sie sind keine Vektoren, sondern Skalare

> Beispiel Vakuumlichtgeschwindigkeit c: Die übliche Definition ist zu präzisieren: Nur der Betrag ist konstant, nicht die Richtung

> Beispiel Wirkungsquant h: Was in einem System geschieht, kann nicht durch Wechsel des Bezugssystems mit Überschuss an Energie ablaufen oder ungeschehen sein.

Naturgesetze werden im Allgemeinen erst durch eine Transformation auf das neue Bezugssystem forminvariant.

Einfache Beispiele für Naturgesetze:

$$E = m \cdot c^2 \qquad E = h \cdot \nu \qquad E \cdot t = h \qquad l \cdot p = h$$

Nach Anschreiben für zwei beliebige Bezugssysteme folgt die Gleichungskette

$$\frac{E}{E_0} = \frac{m}{m_0} = \frac{p}{p_0} = \frac{\nu}{\nu_0} = \frac{t_0}{t} = \frac{l_0}{l} \qquad \text{mit} \quad \gamma = \frac{E}{E_0} \quad \text{allgemein}$$

Aufgrund der Herleitung kann die Energie als kinetische Energie, Gravitations- oder als Rotationsenergie bzw. als das zugehörige Potential aufgefasst werden.

$$\Delta\Phi_{kin} = \frac{\upsilon^2}{2} \qquad \text{bzw.} \qquad \Delta\Phi_{grav} = \frac{G \cdot M}{r} \qquad \text{sowie} \quad \Delta\Phi_{rot} = \frac{1}{2}r^2\omega^2$$

Aus der speziellen Relativitätstheorie gilt (kinematisch interpretiert)

$$E = E_0 \cdot \gamma \qquad t = t_0 \cdot \gamma^{-1} \qquad \text{mit} \quad \gamma = 1 \big/ \sqrt{1 - (\upsilon/c)^2}$$

3.2. Gleichwertigkeit und Unterscheidbarkeit von Bezugssystemen

Alle Inertialsysteme sind gleichwertig für die kovariante Formulierung der Naturgesetze. Bei der Energiegleichung gilt für den Übergang von einem Inertialsystem in ein anderes, dass sich wegen $c^2 = const$ folglich E und m gleich transformieren.

Die Gleichwertigkeit der Inertialsysteme für die forminvariante Formulierung der Naturgesetze schließt aber nicht aus, dass es Eigenschaften gibt, bzgl. derer sie sich aber doch unterscheiden ohne die o.g. Forminvarianz zu verletzen.
Diese Eigenschaft ist nach den vorangegangenen Ausführungen das jeweilige Energieniveau bzw. Potentialniveau.

4. Energetische Betrachtungen in der Relativitätsphysik *Energie*

Meine nächste Frage war, ob bei der Erklärung der Zeitdilatation durch eine Änderung im Energie- bzw. Potentialniveau bei Wechsel des Bezugssystems dann auch unser eigener Zeitstandard erklärt wird. Dies gelingt durch die energetische Interpretation von zwei entscheidenden kinematischen Größen in der Relativitätstheorie: den Gammafaktor in den Transformationsgleichungen und das Quadrat der Lichtgeschwindigkeit als eine auf die Masse bezogene Energie d.h. als Potential.

4.1. Energetische Interpretation von Gammafaktor und Lichtgeschwindigkeit

Gammafaktor

Der Gammafaktor in der speziellen Relativitätstheorie ist dimensionslos und rein kinematisch zu verstehen. Er folgt aus den Transformationsgleichungen zwischen den Inertialsystemen bei voller Gleichwertigkeit für die forminvariante Formulierung der Naturgesetze.

$$\gamma = \frac{1}{\sqrt{1-(v/c)^2}}$$

Der Gammafaktor lässt dich aber auch energetisch interpretieren und gibt damit die Basis für die Unterscheidbarkeit von Inertialsystemen aufgrund verschiedener Energie- bzw. Potentialniveaus. Nach Erweiterung mit $m_0 c^2$ folgt:

$$\gamma = \frac{1}{\sqrt{1-(v/c)^2}} = \frac{m_0 c^2}{m_0 c^2 \sqrt{1-(v/c)^2}} = \frac{mc^2}{m_o c^2} = \frac{E}{E_0}$$

$$\gamma = \frac{E_0 + \Delta E}{E_0} = 1 + \frac{\Delta E}{E_0} = \frac{\Phi_0 + \Delta\Phi}{\Phi_0} = 1 + \frac{\Delta\Phi}{\Phi_0}$$

Lichtgeschwindigkeit

Auch bei der Lichtgeschwindigkeit bietet sich eine energetisch motivierte Betrachtung an. Dies umso mehr, als die übliche Definition über die Konstanz der Lichtgeschwindigkeit im Vakuum, unabhängig von der Geschwindigkeit der Lichtquelle, zu präzisieren ist. Der ursprüngliche Begriff des leeren Raumes ist überholt, da er nach heutiger Auffassung von Energie erfüllt ist. Das Licht wird im Gravitationsfeld abgelenkt, also kann die Lichtgeschwindigkeit als Vektor nicht konstant sein, sondern nur der Betrag (In der englischen Sprache wir unterschieden zwischen „speed" und „velocity", im Deutschen also Schnelligkeit und Geschwindigkeit).

$$c^2 = \frac{E}{m} = \frac{E/V}{m/V} = \frac{\mu}{\rho} = \frac{d\mu}{d\rho} \qquad \mu \text{ Energiedichte} \qquad \rho \text{ Massendichte}$$

Die Konstanz des Betrags der Lichtgeschwindigkeit in der SRT hat als Konsequenz die gleiche Transformation von E und m bei Wechsel des Inertialsystems zur Folge. Aber die Konstanz des Betrages der Lichtgeschwindigkeit muss auch bei der Expansion des Kosmos gelten. Dies lässt sich bei einer energetischen Interpretation des Quadrats der Lichtgeschwindigkeit als eine auf die Masse bezogene Energie bzw. als der Quotient von Energiedichte zu Massendichte leichter veranschaulichen.

4.2. Transformation von speziellen Größen

$$E = E_0 \cdot \gamma \qquad m = m_0 \cdot \gamma \qquad p = p_0 \cdot \gamma \qquad l = l_0 \cdot \gamma^{-1} \qquad t = t_0 \cdot \gamma^{-1}$$

$$E = mc^2 = \frac{m_0 c^2}{\sqrt{1 - (\upsilon/c)^2}} \approx m_0 c^2 + \frac{m_0}{2}\upsilon^2 = E_0 + E_{kin}$$

In der speziellen Relativitätstheorie ist abweichend von der klassischen Newton-Physik das Bezugsniveau der Energie nicht mehr frei wählbar.

Hier kann jetzt ΔE als Zuwachs an kinetischer Energie, an potentieller Energie im Gravitationsfeld oder als Zuwachs an Rotationsenergie interpretiert werden bzw. als das zugehörige Zusatzpotential $\Delta\Phi$. Allgemein gilt: Ausgangsgröße plus Änderung ist gleich Endgröße. Am Beispiel Gravitation folgt: Zu minus Φ_{pot} gehört plus $\Delta\Phi_{pot}$

In Newton'scher Näherung gilt also:

$$\Delta\Phi_{kin} = \frac{\upsilon^2}{2} \qquad \text{bzw.} \qquad \Delta\Phi_{grav} = \frac{G \cdot M}{r} \qquad \text{sowie} \quad \Delta\Phi_{rot} = \frac{1}{2}r^2\omega^2$$

Als besonderes Beispiel wird ein faseroptischer Rotationssensor gezeigt:
Dieser Typ von Rotationsensor wird oft als Faserkreisel bezeichnet, obwohl er keinen Kreiseleffekt benützt. Zum Vergleich wird hier auf den bekannten Häfele-Keating Effekt hingewiesen, bei dem zwei Flugzeuge die rotierende Erde in entgegen gesetzten Richtungen umkreisen, wobei die nach einem vollen Umlauf auftretende relativistische Zeitverschiebung gemessen wird.

In Analogie hierzu durchlaufen zwei Photonen eine Glasfaserspule in entgegen gesetzter Richtung, wobei eine Rotation Ω der Glasfaserspule nun eine Zeitverschiebung bewirkt.

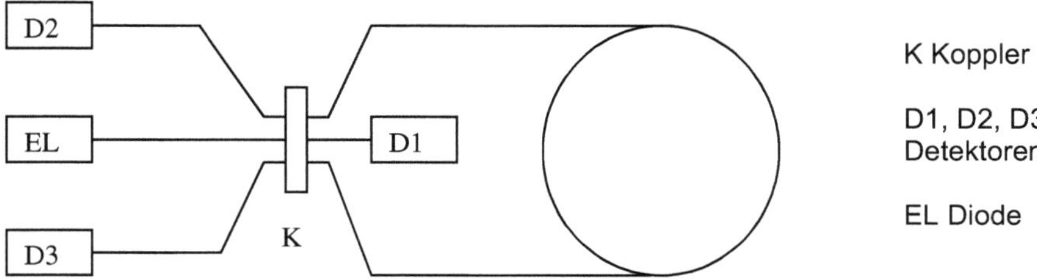

Aus der Relativität der Zeit folgt

$$T_0 = T(1 - \frac{\Delta\Phi}{c^2}) \qquad \text{also} \qquad \frac{\Delta T}{T} = \frac{\Delta\Phi}{c^2} \qquad \text{mit} \qquad \Delta T = T - T_0$$

Für das Rotationspotential Φ_{Rot} eines mit der Winkelgeschwindigkeit ω umlaufenden Photons gilt:

$$\Phi_{Rot} = \frac{1}{2}\omega^2 \cdot r^2$$

Das Photon hat in der Faser mit Brechungsindex n nur die Laufgeschwindigkeit c/n
Die Winkelgeschwindigkeit für ein rechts- bzw. linksläufiges Photon beträgt:

$$\omega_{r,l} = \frac{c/n}{r} \pm \Omega \qquad \text{(klassische Addition wegen Laufgeschwindigkeit kleiner als } c)$$

Das zugehörige Rotationspotential lautet also jeweils

$$\Phi = \frac{1}{2}(\frac{c}{nr} \pm \Omega)^2 \cdot r^2 = \frac{1}{2} \cdot \frac{c^2}{n^2} + \frac{1}{2} \cdot \Omega^2 \cdot r^2 \pm \frac{c \cdot r}{n} \cdot \Omega$$

Der Potentialunterschied ist also

$$\Delta\Phi = \frac{2 \cdot c \cdot r}{n} \cdot \Omega$$

Für den Unterschied in der Laufzeit erhält man nun

$$\Delta T = \frac{\Delta\Phi}{c^2} \cdot T = \frac{2r}{nc} \cdot \Omega \cdot \frac{2\pi \cdot r}{c/n} = \frac{4 \cdot r^2 \cdot \pi}{c^2} \cdot \Omega = \frac{4 \cdot F}{c^2} \cdot \Omega$$

Dies stimmt mit den Angaben bei der klassischen Wellenbetrachtung des Phänomens überein, und folglich gilt auch für die zugehörige Sagnac-Phase

$$\Delta\phi_{Sagnc} = \frac{8 \cdot \pi \cdot F}{\lambda \cdot c} \cdot \Omega$$

4.3. Sondersituation der Zeit und Festlegung unseres Zeitstandards

Zeitdilatation durch Potentialunterschied

Jetzt wird anschaulich, warum der Zeitablauf in zwei relativ zueinander bewegten Inertialsystemen, aber auch in Bezugssystemen mit unterschiedlichem Energie- bzw. Potentialniveau, verschieden ist.

$$t = t_0 \cdot \gamma^{-1} = t_0 \cdot \sqrt{1 - (\nu/c)^2} \qquad\qquad \text{bzw. } t_0 = t \cdot \gamma$$

$$t_0 = t \cdot \gamma = t \cdot \frac{1}{\sqrt{1 - (\nu/c)^2}} = t \cdot (1 + \frac{\Delta\Phi}{\Phi_0}) = t \cdot \frac{\Phi_0 + \Delta\Phi}{\Phi_0}$$

Die beim Zwillingsparadoxon gestellte Frage, wieso nur der Reisende weniger altert, wird durch das verschiedene Energie- bzw. Potentialniveau anschaulich erklärt.

Diese Interpretation gilt in ihrer Anschaulichkeit auch dann noch, wenn das Energieniveau nicht auf einem Zuwachs an kinetischer Energie beruht, sondern z.B. auf einer Änderung der Rotations- oder Gravitations-Energie, bzw. der zugehörigen Potentiale.

Dies unterstreicht die gegebene Interpretation, die es anschaulich leichter macht sich die Verknüpfung von Raum und Zeit vorzustellen, da der dimensionslose γ-Faktor der SRT jetzt energetisch und nicht mehr kinematisch interpretiert ist.

Festlegung unseres Zeitstandards

Eine bewegte Masse oder eine Länge (Stab) haben nach Rückkehr in das Ruhesystem wieder die ursprünglichen Werte. Ganz anders bei der Zeit:

> Die Uhr tickt zwar wieder im ursprünglichen Takt, zeigt aber eine bleibende Zeitdifferenz an.

Da der geänderte Zeitablauf in verschiedenen Inertialsystemen jeweils auf eine Änderung im Potentialniveau zurückgeführt werden konnte, folgt aber auch, dass mit $\Delta\Phi = 0$ durch das universelle Referenz-Potential $\Phi_0 = c^2$ unser eigener Zeitstandard festgelegt ist. Es gilt: $t_0 \cdot \Phi_0 = t \cdot (\Phi_0 + \Delta\Phi)$ also $t_0 = t$ für $\Delta\Phi = 0$

5. Das Potential als Ursache für Materie gebundene Signalausbreitung

5.1. Strukturgleiche Formel zur Energiegleichung von Einstein.

Die Basishypothese lautet unter Berücksichtigung von $c^2 = const$ und gleich für das Quadrat der Signalgeschwindigkeit geschrieben:

$$c_m^2 = \frac{E}{m} = \frac{E/V}{m/V} = \frac{\mu}{\rho} = \frac{d\mu}{d\rho} = \Phi_m \qquad \text{für} \qquad c_m \le c$$

Der Nachweis, dass diese Gleichung strukturgleich auch für das Quadrat von Signalgeschwindigkeiten gilt, die weit unterhalb der Lichtgeschwindigkeit liegen, kann auf mehrere Art erbracht werden.

Ableitung der Basishypothese aus der allgemeinen Wellengleichung

Die allgemeine Differentialgleichung für die Ausbreitung einer Welle (auch für Geschwindigkeiten, die niedrig sind im Vergleich zur Lichtgeschwindigkeit) lautet:

$$\frac{\partial^2 s}{\partial x^2} - \frac{1}{c_m^2} \cdot \frac{\partial^2 s}{\partial t^2} = 0 \qquad c_m \le c$$

Umgeformt und zwischendurch mit m erweitert folgt:

$$m \cdot c_m^2 \cdot \frac{\partial^2 s}{\partial x^2} = m \cdot \frac{\partial^2 s}{\partial t^2}$$

Das bedeutet, dass die rechte Seite als Kraft, das heißt Masse mal Beschleunigung (Masse mal Feldstärke) aufgefasst werden darf. Die Feldstärke kann aber auch als Ableitung eines ortsabhängigen Potentials nach der Ortskoordinate geschrieben werden. Die linke Seite bleibt unverändert, also:

$$m \cdot c_m^2 \cdot \frac{\partial^2 s}{\partial x^2} = m \cdot \frac{\partial \Phi_m}{\partial x}$$

Nach Kürzung durch m und formal umgeschrieben folgt jetzt:

$$c_m^2 \cdot \frac{\partial}{\partial x}\left(\frac{\partial s}{\partial x}\right) = \frac{\partial}{\partial x}(\Phi_m) \qquad \text{folglich} \qquad c_m^2 \cdot \frac{\partial s}{\partial x} = \Phi_m$$

Wenn der Raum als homogen und isotrop vorausgesetzt wird, dann gilt $\partial s / \partial x = 1$

Also ist wieder die Ausgangshypothese erreicht:

$$c_m^2 = \Phi_m \quad \text{für} \quad c_m \le c$$

Ableitung der Basishypothese aus der Materiewellenlänge

Die Basishypothese sagt aus, dass die Signalgeschwindigkeit durch ein Potential bestimmt wird, das sich aus dem Verhältnis von Energiedichte zu Massendichte (auch im Differentiellen) errechnet und zwar auch für Geschwindigkeiten die klein sind gegenüber der Lichtgeschwindigkeit.

Die vereinfachte Ableitung im Photonenbild lautet entsprechend den Energie- und Impulsbeziehungen:

$$E = h\nu \qquad \text{Energie eines Photons}$$

$$P = \frac{E}{c} = m \cdot c \qquad \text{Impuls eines Photons}$$

Aus diesen Gleichungen folgt durch Elimination von E und mit Beachtung von

$$c = \frac{\lambda}{\tau} = \lambda \nu \qquad \text{zunächst} \qquad p = \frac{h\nu}{c} = \frac{h\nu}{\lambda \nu} = \frac{h}{\lambda}$$

Aufgelöst nach der Wellenlänge λ lautet die bekannte Gleichung von DeBroglie für die Materiewellenlänge:

$$\lambda = \frac{h}{p} \qquad \text{DeBroglie- Wellenlänge}$$

Obwohl im Photonenbild mit c als Lichtgeschwindigkeit abgeleitet, gilt die Formel für die Materiewellenlänge (eindrucksvoll nachgewiesen) auch für Materieteilchen bei niedrigen Geschwindigkeiten $\upsilon \leq c$.

Damit die Wellenlänge überhaupt messbar wird, muss nun der Impuls sehr klein sein. Das erfordert aber in den vorangegangenen Gleichungen generell (und nicht nur beim Impuls) das Zulassen einer Geschwindigkeit die unterhalb der Lichtgeschwindigkeit liegt.

Im Zusammenhang mit Wellenlängen denken wir bei Geschwindigkeiten weniger an Teilchengeschwindigkeiten, sondern eher an Signalgeschwindigkeiten.
Um Verwechslung mit einer Teilchengeschwindigkeit zu vermeiden, bezeichnen wir diese Geschwindigkeit mit c_m.

Für den Impuls gilt $p = m \cdot c_m$. Da aber für niedrige Signalgeschwindigkeiten auch $c_m = \lambda \cdot \nu$ gilt, so folgt durch „Rückrechnung" nun:

$$c_m^2 = \frac{E}{m}$$

Die Tatsache, dass die im Photonenbild abgeleitete Materiewellenlänge überraschenderweise auch für niedrige Geschwindigkeiten gilt, setzt jedoch nicht ihre Gültigkeit für Photonen außer Kraft. Dies führt dann zurück auf die Basishypothese, gültig für alle Signalgeschwindigkeiten:

$$c_m^2 = \Phi_m = \frac{E}{m} = \frac{\mu}{\rho} = \frac{d\mu}{d\rho} \qquad \text{mit } c_m \leq c$$

Ableitung der Basishypothese aus der Unbestimmtheitsrelation

Eine andere Ableitung, bei der sofort zu sehen ist, dass die Basishypothese auch bei kleinsten Impulsen bzw. Geschwindigkeiten gilt, geht von den Heisenberg-Unbestimmtheitsrelationen aus, die von vornherein auch für niedrige Geschwindigkeiten gelten.

Im Falle eines physikalischen Prozesses, der gerade noch mit einem Wirkungsquant erfolgt, lautet die Beziehung für die Unbestimmtheit von Ort und Impuls bzw. für Energie und Zeit:

$$\Delta x \cdot \Delta p = h \qquad\qquad \text{bzw.} \qquad\qquad \Delta E \cdot \Delta t = h$$

Wir identifizieren Δx mit einer Wellenlänge λ und schreiben direkt:

$$\lambda = \frac{h}{p} \qquad\qquad \text{mit} \qquad p = m \cdot c_m \qquad \text{und} \qquad c_m \leq c$$

Da λ eine Wellenlänge ist, kann man auch nach einer Ausbreitungsgeschwindigkeit fragen. Wir identifizieren jetzt Δt mit einer Schwingungsdauer τ.
Mit $\lambda = c_m \cdot \tau$ und $h = E \cdot \tau$ ergibt sich also jetzt zunächst:

$$c_m \cdot \tau = \frac{E \cdot \tau}{m \cdot c_m}$$

Es folgt also für das Quadrat der Ausbreitungsgeschwindigkeit eines Signals:

$$c_m^2 = \frac{E}{m} \qquad\qquad \text{mit} \qquad c_m \leq c$$

Und mit $c_m = const$ und der Einführung eines Potentials als eine auf die Masse bezogene Energie kommen wir wieder auf die Ausgangshypothese:

$$c_m^2 = \Phi_m = \frac{E}{m} = \frac{\mu}{\rho} = \frac{d\mu}{d\rho} \qquad\qquad \text{mit} \qquad c_m \leq c$$

Beispiele

Hier wird die Gültigkeit der Hypothese an einer Fülle von Beispielen gezeigt.

    Seilwelle
    Oberflächenwelle
    Körperschall
        Fester Körper
        Flüssigkeit
        Gas
    Schallwelle in einem Pulsar
    Schallausbreitung in einem monoatomaren, anisotropen Kristall

Folgende Gemeinsamkeiten liegen den untersuchten Fällen zugrunde:

    Jeweils konstante Ausbreitungsgeschwindigkeit
    Jeweils ein spezieller materieller Träger
    Jeweils eine spezifische Art der Energie-Speicherung- bzw. -Weiterleitung

5.2. Signalausbreitung im ruhenden Medium (festes Bezugssystem)

Man kann den Nachweis der Richtigkeit der Hypothese anhand von Beispielen auf drei Arten führen:

> Untersuchung des physikalischen Vorgangs nach der Newton'schen Mechanik und Umschreiben der Ergebnisse in die Form der Wellengleichung, um daraus das Quadrat der Ausbreitungsgeschwindigkeit abzulesen.

> Vertrauen auf die Richtigkeit der Hypothese und Einsetzen der Größen entsprechend dem physikalischen Vorgang sowie abschließendem Vergleich der Ergebnisse mit den bekannten Formeln.

> Ausgehen von den bekannten Formeln und Umformung auf die Gestalt der Formel für die Ausgangshypothese.

Es wird hier zunächst der Nachweis über Gleichungsumformungen gezeigt, ausgehend von den bekannten Werten aus der Literatur

Seilwelle

Die Gleichungsparameter sind: die Seilkraft F , die Seilmasse M und die Seillänge L

$$c_{Se}^2 = \frac{F \cdot L}{M} = \frac{F}{M/L} = \frac{F \cdot dl}{M/L \cdot dl} = \frac{dA}{dm} = \frac{dE/dV}{dm/dV} = \frac{\mu}{\rho} = \frac{d\mu}{d\rho}$$

Oberflächenwelle

Die Gleichungsparameter sind: die Schwerefeldstärke g , und die Hubhöhe H

$$c_{Ob}^2 = g \cdot H = \frac{\rho \cdot g \cdot H}{\rho} = \frac{p}{\rho} = \frac{\mu}{\rho} = \frac{d\mu}{d\rho}$$

Körperschall in drei Kategorien:

Fester Körper

Die Gleichungsparameter sind: der Elastizitätsmodul E_l, die Dichte ρ

$$c_{Fe}^2 = \frac{E_l}{\rho} = \frac{\mu}{\rho} = \frac{d\mu}{d\rho}$$

Flüssigkeit

Die Gleichungsparameter sind: die Kompressibilität ε_K , die Dichte ρ

$$c_{Fl}^2 = \frac{1}{\varepsilon_K \cdot \rho} = \frac{1/\varepsilon_K}{\rho} = \frac{E_l}{\rho} = \frac{\mu}{\rho} = \frac{d\mu}{d\rho}$$

Gas

Die Gleichungsparameter sind: die Gaskonstante R , die Temperatur T und der Adiabatenexponent κ

$$c_{Ga}^2 = \kappa \cdot R \cdot T = \frac{\rho \cdot \kappa \cdot R \cdot T}{\rho} = \frac{p}{\rho} = \frac{dp}{d\rho} = \frac{d\mu}{d\rho}$$

In allen Fällen wurde die Gleichung der Ausgangshypothese erreicht.

Pulsar

$$c_{Pu}^2 = \frac{d\mu}{d\rho} \qquad \text{Das Beispiel ist der Literatur über Kosmologie entnommen}$$

Schallausbreitung in einem monoatomaren, anisotropen Kristall

In einem monoatomaren, anisotropen Kristall sind verschiedene Richtungen ausgezeichnet in denen sich der Schall jeweils mit verschiedener Geschwindigkeit ausbreiten muss.

Eine aus der Literatur bekannte experimentelle Beziehung zwischen der Gitter-Dissoziationsenergie E, der Atommasse m und der mittleren quadratischen Schallgeschwindigkeit c_{SK} in einem monoatomaren, anisotropen, Kristalls erweist sich als strukturgleich zur Formel der Basishypothese.

$$c_{SK}^2 = \frac{E}{m}$$

5.3. Signalausbreitung im expandierenden Medium (festes Bezugssystem)

Hier wird noch einmal der Körperschall in Gasen betrachtet und zwar direkt im Vertrauen auf die Basishypothese. Für eine adiabate Verdichtung gilt die Beziehung

$$p = \rho \cdot \kappa \cdot RT$$

Dabei kann $p = \mu$ als räumliche Energiedichte aufgefasst werden. Es gilt also

$$c_{Ga}^2 = \phi_{Ga} = \frac{\mu}{\rho} = \frac{\rho \cdot \kappa \cdot RT}{\rho} = \kappa \cdot RT$$

Bemerkenswert ist, dass die Dichte ρ in der Endgleichung für das Quadrat der Signalgeschwindigkeit herausfällt.

Im expandierenden Medium nehmen die Energiedichte umgekehrt proportional mit der vierten Potenz und die Massendichte umgekehrt proportional mit der dritten Potenz des Expansionsfaktors ab. Die Massendichte ist hierbei auf stofflicher Basis zu verstehen.

> Daraus folgt, dass das Quadrat der Signalgeschwindigkeit im Medium umgekehrt proportional zum Skalenfaktor der Expansion abfällt.
> Der Bezug der Temperatur zum Skalenfaktor der Expansion ist noch zu ermitteln.

Das Quadrat der Ausbreitungsgeschwindigkeit im Medium kann aber auch als Potential gedeutet werden, das direkt ursächlich dieses Quadrat der Ausbreitungsgeschwindigkeit bestimmt.

$$c_m^2 = \Phi \qquad\qquad c_m \le c$$

Ein expandierendes Medium entspricht aber einem zeitlich variablen Potential.
Für die mathematische Darstellung wird die Abhängigkeit von einem Skalenfaktor (nicht vom Volumen) gewählt, der die Expansion kennzeichnet. Das erleichtert den späteren Vergleich mit der Signalausbreitung in einem expandierenden Feld erfüllten Raum.

Es wird nun die Abhängigkeit des Quadrats der Ausbreitungsgeschwindigkeit von Signalen beim Übergang von einem Expansionsgrad zu einem anderen gezeigt.
Da die Temperatur der alleinige das Quadrat der Ausbreitungsgeschwindigkeit bestimmende Parameter ist, so gilt für zwei verschiedene Temperaturen:

$$c_{m1}^2 = \kappa R T_1 \qquad\qquad \text{bzw.} \qquad\qquad c_{m2}^2 = \kappa R T_2$$

$$c_{m2}^2 = c_{m1}^2 \frac{T_2}{T_1} \qquad\qquad (\text{ hier unabhängig von } \kappa)$$

Der gesuchte Zusammenhang zwischen Temperaturverhältnis und Skalenfaktor lässt sich leicht ermitteln, wenn man einen adiabaten Expansionsvorgang zu Grunde legt. Die Temperatur und Volumen enthaltende Schreibweise der Adiabatengleichung lautet:

$$T_1 V_1^{\kappa-1} = const = T_2 V_2^{\kappa-1} \qquad \text{bzw.} \qquad \frac{T_2}{T_1} = \left(\frac{V_1}{V_2}\right)^{\kappa-1}$$

Führt man über $V = \frac{4}{3}\pi \cdot S^3$ den Skalenfaktor S ein, so folgt:

$$\frac{T_2}{T_1} = \left(\frac{S_1}{S_2}\right)^{3(\kappa-1)} \qquad \text{mit} \quad \kappa = \frac{4}{3} \quad \text{also} \quad \frac{T_2}{T_1} = \frac{S_1}{S_2}$$

Die gesuchte Abhängigkeit lautet also bei Anwesenheit eines Trägermediums:

$$c_{m2}^2 = c_{m1}^2 \frac{S_1}{S_2} = c_{m1}^2 \frac{T_2}{T_1}$$

Dieses Ergebnis erhält man auch, wenn man die Ableitung unmittelbar auf der Gültigkeit der Basishypothese aufbaut. Man hat somit auch einen weiteren Test für dien Richtigkeit der Basishypothese im expandierenden Medium.

Und für die Energiedichte, die Massendichte, die Temperatur, das Potential und das Quadrat der Schallgeschwindigkeit ergeben sich jeweils:

$$\mu = const \cdot S^{-3\kappa} = const \cdot S^{-4} \qquad \text{Energiedichte}$$
$$\rho = const \cdot S^{-3} \qquad \text{Massendichte}$$
$$T = const \cdot S^{-1} \qquad \text{Temperaturverlauf}$$
$$\Phi_m = const \cdot S^{-3(\kappa-1)} = const \cdot S^{-1} \qquad \text{Potential}$$
$$c_m^2 = const \cdot S^{-1} \qquad \text{Quadrat der Schallgeschwindigkeit}$$

Damit ist die Basishypothese auch für den Raum erfüllende, expandierende Materie voll bestätigt. Alle durch das Potential begründeten Erwartungen sind voll erfüllt.

Ein Potential ist die Ursache für das Quadrat von Schallgeschwindigkeiten im ruhenden und im expandierenden Medium (festes Bezugssystem)

Zusätzlich liegen darüber hinaus alle für den Vergleich mit der Signalausbreitung im expandierenden felderfüllten Raum erforderlichen Gleichungen in Abhängigkeit von dem die Expansion kennzeichnenden Skalenfaktor vor.

6. Universelles Potential und Signalausbreitung im Feld erfüllten Raum

Wegen der weitgehenden Gleichheit der Situation zur Signalausbreitung im expandierenden Medium (ursächlich begründet über ein zeitlich variables Potential) wurde ich zunächst dazu verleitet die Ergebnisse auch auf die Lichtausbreitung im expandierenden Kosmos zu übertragen. Dies ist aber nur bedingt statthaft, da die Konstanz des Betrags der Lichtgeschwindigkeit fest begründet ist. Als Folge dieser Situation sind Lichtgeschwindigkeit und zugehöriges Potential völlig neu zu bewerten.

6.1. Die Konstanz des Betrags der Lichtgeschwindigkeit

Unabhängig von der Geschwindigkeit des Beobachters und der Lichtquelle ist der Betrag der Lichtgeschwindigkeit in jedem Inertialsystem konstant. Dies ist unserem Anschauungsvermögen nicht zugänglich ebenso wie das zugehörige Additionstheorem für zwei gleichgerichtete Geschwindigkeiten u und υ

$$w = \frac{u + \upsilon}{1 + \frac{u\upsilon}{c^2}}$$

Für $u = c$ oder $\upsilon = c$ oder sogar $u = \upsilon = c$ wird stets $w = c$ und damit die Lichtgeschwindigkeit als nicht überschreitbare Grenzgeschwindigkeit ausgewiesen.

Wenn $c = const$ gilt, so muss auch $c^2 = const$ sein. Hierfür gilt aber als Folgerung in der speziellen Relativitätstheorie die gleiche Transformation von E und m bzw. von μ und ρ bei einem Wechsel des Inertialsystems.

$$c^2 = \frac{E}{m} = \frac{\mu}{\rho} = \frac{d\mu}{d\rho}$$

Die Konstanz des Betrags der Lichtgeschwindigkeit wird damit unserem Vorstellungsvermögen etwas leichter zugänglich.

Die Konstanz des Betrags der Lichtgeschwindigkeit bedeutet natürlich auch, dass nur dann zu allen Zeiten einer gegebenen Masse m eine unveränderliche, gleich große Energiemenge E entsprach.

6.2. Die Konstanz des universellen Potentials bei Expansion des Kosmos

Voraussetzung

Die Konstanz des Betrags der Lichtgeschwindigkeit muss aber auch bei der Expansion des Kosmos gelten. Dies regt eine weitere Interpretation von c^2 an, nämlich das Verhältnis von E zu m zunächst als homogenes, isotropes Potential aufzufassen
Energiebetrachtungen in der speziellen Relativitätstheorie zeigen bekanntermaßen, dass das Bezugsniveau der Energie (im Gegensatz zur klassischen Physik) nicht frei wählbar ist, sondern allgemein mit $E_0 = m_0 \cdot c^2$ fest vorgegeben ist.

Damit kann dem Wert von c^2 sogar die Bedeutung eines universellen Potentials zugemessen werden. Dieses Potential muss trotz Expansion des Kosmos konstant bleiben.

Expandierender Kosmos bedeutet nach Friedmann: expandierender Raum, also ein Feld erfülltes aber expandierendes Bezugssystem. Dies ist abweichend von der Situation bei expandierendem Medium in einem festen Bezugssystem.

Aber: ist denn die Vorstellung eines konstanten, nicht an Materie gebundenen Potentials überhaupt sinnvoll und zulässig?

Die Frage lautet:

> Gibt es einen vom Verhältnis von E zu m gekennzeichneten Raum mit der Gravitationskonstanten G, in dem das damit gleichzeitig festgelegte Potential Φ konstant ist, ohne dass sich in diesem Raum irgendwelche Massen befinden.

Die Antwort lautet:

> Genau dies gilt nach der Newton-Mechanik für das Innere einer dünnwandigen Hohlkugel mit dem Radius R und der Masse M

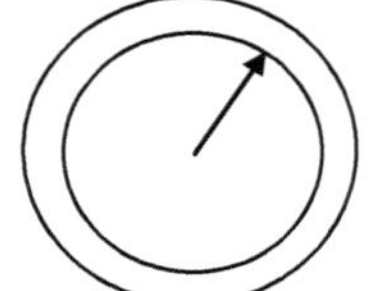

$$\Phi_g = G \cdot \frac{M}{R} = const \qquad \text{für} \qquad r \leq R$$

$$\Phi_g = \Phi_g(r) = G \cdot \frac{M}{r} \qquad \text{für} \qquad r \geq R$$

Nach einem Theorem der allgemeinen Relativitätstheorie (Birkhoff-Theorem) gilt dies unverändert auch bei dicken Wandstärken.

Ganz ähnlich wie bei der Gravitation tritt auch bei einer analogen Anordnung von elektrischen Ladungsträgern (an Stelle von Masseteilchen) ein konstantes Potential im Inneren einer Hohlkugel auf, ohne dass dort Ladungsträger anwesend sind.
Man hat lediglich G durch $1/4\pi\varepsilon_0$ zu ersetzen.
Wenn auch im Feld erfüllten, expandierenden Raum ein Potential das konstante Quadrat der Ausbreitungsgeschwindigkeit bestimmt, dann muss es trotz Expansion konstant bleiben. Dies ist abweichend von der Situation im Medium.

Noch nicht berücksichtigt ist dabei ein in späteren Kapiteln eingeführtes linear mit dem Radius ansteigendes, nicht an Materie gebundenes Massenäquivalent.

Massenäquivalent statt Masse

Die Konstanz von c² erfordert die Konstanz des universellen Potentials und somit kann im Nenner **keine materielle** Dichte stehen, die ja dann umgekehrt zur 3. Potenz des Skalenfaktors abfallen müsste.

Ein fester Umrechnungsfaktor zwischen Masse und Energie, muss aber zu jedem Zeitpunkt der Expansion gelten, sonst hätte man zu früheren Zeiten der kosmischen Expansion aus einer gegeben Stoffmenge eine größere Energiemenge gewinnen können als heute.

> Also fällt ein **nichtmaterielles** Dichteäquivalent grundsätzlich mit demselben Skalenfaktor ab wie die Energiedichte.

$$\Phi_0 = c^2 = \frac{\mu}{\rho^*} = const$$

Ab jetzt wird das Symbol * für nichtmaterielle Äquivalenzwerte verwendet.

6.3. Das universelle Potential und die Lichtgeschwindigkeit als Naturkonstante

Wir übernehmen von der Situation im Medium die Vorstellung, dass grundsätzlich ein Potential die Ursache für das Quadrat von Ausbreitungsgeschwindigkeiten ist und zwar auch bei Expansion eines Feld erfüllten Raumes. Dies ist durch die Fülle an Beispielen im Medium wohl gerechtfertigt.

Im Medium ist die Abhängigkeit des Potentials umgekehrt proportional zum Skalenfaktor der Expansion gegeben.

Im Feld erfüllten Raum aber ist abweichend davon das Potential konstant, also unabhängig vom Skalenfaktor der Expansion.

Es kann jedoch in beiden Fällen zugrunde gelegt werden,
dass ein Potential die Ursache für das Quadrat der zugehörigen Ausbreitungsgeschwindigkeit ist.

Dies hat Konsequenzen für die Auffassung der Lichtgeschwindigkeit als Naturkonstante.

Eine Naturkonstante kann kein Vektor sein und darf nicht verursacht sein, sondern muss eigenständig existieren.

Im strengen Sinn ist also die Lichtgeschwindigkeit und auch ihr Quadrat keine Naturkonstante.

Die wahre Naturkonstante ist bei dieser Auffassung das homogene, isotrope und universelle Potential das aber direkt gleich dem Quadrat der Lichtgeschwindigkeit ist

$$\Phi_0 = c^2$$

Diese fundamentale Aussage ist aber voll im Einklang mit allen bekannten Prinzipien der relativistischen Physik, insbesondere mit der Tatsache, dass dieses universelle Potential nicht frei wählbar ist. Dieses Potential bestimmt unseren Zeitstandard und ein zusätzliches Potential hierzu ist für die Zeitdilatation verantwortlich.
Das universelle Potential ist die Ursache für das Quadrat der Lichtgeschwindigkeit und somit auch für die nicht überschreitbare obere Grenzgeschwindigkeit. Damit ist aber auch c^2 nicht überschreitbar.
Das universelle Potential ist ein fester universeller Wert, also nicht überschreitbar aber auch nicht unterschreitbar, da es keine Vorgänge mit „Zeitkontraktion" gibt.
Spekulativ ist die Vermutung einer Analogie zum relativistischen Additionstheorem:

$$w = \frac{u + \upsilon}{1 + {u\upsilon}/{c^2}} \qquad U = \frac{\Phi + \Delta\Phi}{1 + \left(\dfrac{\Phi \cdot \Delta\Phi}{\Phi_0^2}\right)} = \Phi_0 = c^2 \qquad \text{für } \Phi = \Phi_0$$

Bemerkung:

Durch die Tatsache, dass der Begriff eines universellen Potentials auch für viele weitere Phänomene der Physik, insbesondere der Gravitation, auch im expandierenden Kosmos, einen neuen Blickwinkel eröffnet hat, wird den vorgelegten Ideen eine weitere, verstärkte, glaubwürdige Basis verliehen.

7. Universelles Potential und Gravitation ohne dunkle, kompakte Materie

Mein Versuch, das universelle Potential auf anschauliche Weise mit der Gravitation in Verbindung zu bringen, sollte auf solider Grundlage erfolgen. Daher sind zuerst einige grundsätzliche Ausführungen vorangestellt. Dann aber macht auch die Darstellung der Anschaulichkeit der vierdimensionalen Raumzeit in Newton'scher Näherung keine Schwierigkeiten, wenn man sich nur von einigen gewohnten Vorstellungen freimacht

7.1. Friedmann-Gleichungen und gleichwertige Schreibweisen

Basis sind die Friedmann-Gleichungen zur Beschreibung des expandierenden Kosmos. Man hat zusammen mit dem Robertson Walker Linienelement zunächst drei Raumgleichungen und eine Zeitgleichung. Mit Einführung von Kugelkoordinaten vereinfacht sich das Gleichungssystem weiter und man hat nur noch eine Raumgleichung während die Zeitgleichung unverändert bleibt. Dabei ist Λ die kosmologische Konstante

$$\frac{\ddot{S}}{S} = -\frac{4\pi G \cdot 3}{3c^2} \cdot p - \frac{4\pi G}{3}\rho + \frac{1}{3}c^2\Lambda \qquad \text{Raum-Gleichung}$$

$$\left(\frac{\dot{S}}{S}\right)^2 = \frac{8\pi G}{3}\rho - \frac{k}{S^2}c^2 + \frac{c^2}{3}\Lambda \qquad \text{Zeit-Gleichung}$$

Dividiert man die Zeitgleichung durch $\frac{8\pi G}{3}$ so erhält man auf der linken Seite eine Referenzdichte ρ_R , die gleich der kritischen Dichte ρ_{crit} wie in der Newton-Physik ist. Dies ist wichtig für die weiteren Umformungen in gleichwertige Schreibweisen.

$$\rho_R = \left(\frac{\dot{S}}{S}\right)^2 \cdot \frac{3}{8\pi G} = \frac{H^2}{8\pi G/3} = \rho_{crit} \qquad \text{mit } H = \frac{\dot{S}}{S} \qquad \text{(Hubble-Gesetz)}$$

Gleichwertige Schreibweisen zur Friedmanngleichung

Die kosmologische Fluid-Gleichung

Differenziert man die Zeitgleichung mit ihrer 1. Ableitung nach der Zeit und setzt das Ergebnis gleich der 2. Ableitung aus der Raumgleichung, so ergibt sich nach aufwändiger, aber exakter Rechnung die kosmologische Fluidgleichung, die das kosmologische Glied nicht mehr enthält.

$$\frac{d(\rho S^3)}{dt} + \frac{p}{c^2}\frac{dS^3}{dt} = 0 \qquad \text{Fluid-Gleichung der Kosmologie}$$

Diese Gleichung lässt sich bei einer Trennung der Strahlungsanteile in der Dichte und im Druck weiter vereinfachen. Falls Strahlung und Materie gleichzeitig vorhanden sind und Umwandlungsprozesse von Materie in Strahlungsenergie ausgeschlossen sind, so folgt nach längerer Rechnung (mit $p = \mu$ geschrieben)

$$\frac{d(\rho_m S^3)}{dt} = 0 \qquad\qquad \frac{d(\mu S^4)}{dt} = 0$$

Beide Teile werden jeder für sich gleich Null. Die daraus folgenden Werte von μ und ρ_m in Abhängigkeit vom Skalenfaktor sind aber aus dem vorgenannten Grund nicht als zusammengehörig im Sinne der Bildung eines Potentials zu verstehen.

Die Omega-Gleichung:

Aus der Zeitgleichung lässt sich die Omega Gleichung ableiten, wenn man mit Kenntnis der Hubble Expansion $\dot{S} = H \cdot S$ die kritische Dichte ρ_{crit} einführt.

Das Hubble-Gesetz ist das einzige Expansionsgesetz, bei dem Homogenität und Isotropie erhalten bleiben

$$\rho_{crit} = \frac{H^2}{8\pi G/3}$$

Eingesetzt folgt:

$$\Omega = 1 = \frac{\rho}{\rho_{cr}} + \frac{\rho_k}{\rho_{cr}} + \frac{\rho_\Lambda}{\rho_{cr}} \qquad \text{(Im Raum ohne Krümmung entfällt } \rho_k \text{)}$$

Gravitative Effekte durch nichtstoffliche Massenäquivalente

Aus der Elemententstehung ist bekannt, dass der Anteil der baryonischen Materie im Kosmos ρ_{mat} höchstens 3% bis 4% sein kann.

Die Ergebnisse aus Beobachtungen der Bewegung von Galaxienverbänden, Galaxien (und Sternen am Rand von Galaxien) fordern jedoch die Existenz von zusätzlichen gravitativen Kräften; ihr Anteil müsste etwa bis zu 24% betragen.

Aber selbst dann bleiben immer noch 72 % bzw. 73% unbekannt und werden als sogenannte „dunkle Energie" bezeichnet.

Übliche Erklärung

Man erklärt üblicherweise die erforderlichen zusätzlichen gravitativen Kräfte durch nicht baryonische und unsichtbare (also dunkle) aber **kompakte** Massen bzw. Massendichten ρ_{dunkel} mit ganz besonderen Eigenschaften:

Die Namen zeigen wonach gesucht wird:

> WIMP's   für weakly interacting **massive** particles
>   Sie dürfen die Bewegung von Himmelskörpern nicht stören
> MACHO's für **massive compact** HALO-objects
>   Sie sollten zudem eine radiale Verteilung aufweisen

Entsprechende dunkle, **kompakte** Massen wurden bis heute nicht gefunden.

Neue Erklärung

Es gibt im Zusammenhang mit dem universellen Potential auch eine völlig andere, neue Erklärung. Man kann die gravitativen Kräfte durch nichtmaterielle Äquivalenzwerte aus dem Anteil der dunklen Energie in der Omegagleichung deuten.

In diesem Fall gelten mit dem Symbol * für Äquivalenzwerte z.B. folgende alternative Schätzwerte für Ω

$$\Omega = \frac{\rho_{mat}}{\rho_{cr}} + \frac{\rho_{dunkel}^{*}}{\rho_{cr}} + \frac{\rho_\Lambda}{\rho_{cr}} \qquad \text{alternative Schätzwerte: } \Omega = 1 = 0,03 + 0,24 + 0,73$$

$$\Omega = 1 = 0,04 + 0,24 + 0,72$$

Eine solche Deutung geht auf folgende Überlegungen zurück:

Die Energiegleichung von Einstein kann in 3 Schreibweisen angegeben werden.

$$E = mc^2 \qquad\qquad c^2 = \frac{E}{m} \qquad\qquad m = \frac{E}{c^2}$$

Man muss sich nun von den einfachen Vorstellungen lösen:

> In der ersten Schreibweise wird nicht immer Masse in Energie oder umgekehrt umgewandelt. Es wird auch Bindungsenergie freigesetzt und sogar Energie direkt als eine Eigenschaft mit Trägheit ohne stoffliche Bindung übertragen. Es gilt die Gleichheit der Eigenschaften von träger und schwerer Masse.

Einstein schreibt in seiner bahnbrechenden Veröffentlichung:

> Mit der Übertragung von Strahlungsenergie auf einen Körper der Stoffmenge m wird Trägheit übertragen.

Eine erhitzte Eisenkugel z.B. erhält so eine zusätzlich wirkende Eigenschaft, die man als Massenäquivalent deuten kann, ohne dass sich die Stoffmenge geändert hat. Ähnlich kann der Unterschied zwischen Ruhemasse und dynamischer Masse als nicht an Materie gebundenes Massenäquivalent gedeutet werden, im Sinne einer Umrechnung einer in diesem Fall kinetischen Energie in ein Massenäquivalent.

> Etwas Wesentliches ist aber dabei passiert: gravitative Eigenschaften sind **nicht** zwingend mit **kompakten**, materiellen Massen verbunden.

Wir schreiben also jetzt, aber mit dem Symbol * für Äquivalenzwerte:

$$c^2 = \frac{E}{m^*} = \frac{\mu}{\rho^*} \qquad\qquad m^* = \frac{E}{c^2} \qquad \text{bzw.} \qquad \rho^* = \frac{\mu}{c^2}$$

Und jetzt wird wieder die Verbindung zum universellen Potential sichtbar.

7.2. Die Anschaulichkeit der vierdimensionalen Raumzeit

Jetzt sind alle Voraussetzungen gegeben, um die Phänomene der Gravitation für schwache Felder anschaulich darzustellen. Wir übersetzen dabei die gültigen Aussagen der Relativitätstheorie in leicht vorstellbare Begriffe.

> Die Massen krümmen den Raum und der gekrümmte Raum schreibt den Massen ihre Bewegung vor.

Zur Veranschaulichung der Krümmung eines vierdimensionalen Raumes, die wir uns nicht vorstellen können, wird oft auf die Analogie zu gekrümmten Flächen verwiesen. Das bringt uns aber in der Anschaulichkeit der Raumkrümmung nicht wirklich weiter.

Es genügen folgende Annahmen, wie man sich bei Beschränkung auf einen Körper in einem Raum mit drei Dimensionen die Raumkrümmung doch anschaulich vorstellen kann:

> Es gibt ein universelles Potential, das durch $\Phi_0 = c^2 = \frac{E}{m^*} = \frac{\mu}{\rho^*}$ festgelegt ist

> Die Festlegung eines Gradienten als Richtung der stärksten Änderung ersetzt bei symmetrischem Aufbau die Vorstellung einer Krümmung des Raumes.

Da sich das Licht überall im Raum mit dem konstanten Betragsquadrat der Geschwindigkeit ausbreitet, so gilt zusammen mit dem universellen Potential:

Der Raum ist nicht leer, sondern ist erfüllt von Energie, bzw. vom homogenen, isotropen und universellen Potential.

Dies bedeutet aber, dass es überall ein nichtmaterielles Dichteäquivalent gibt:

$$\rho_\infty^* = \frac{\mu}{c^2}$$

Wir folgen jetzt im ersten Schritt genau den Angaben der ART:

Die Massen krümmen den Raum heißt, dass ohne Massen der Raum keine Krümmung hat, also wie in der SRT ein flacher Raum ist.

Der gekrümmte Raum hat nach Einlagerung einer Masse einen Gradienten und schreibt nun den Massen vor, wie sie sich zu bewegen haben.

Im zweiten Schritt folgen Konsequenzen aus dem universellen Potential:

Der Raum ist homogen und isotrop und entsprechend dem universellen Potential mit einem konstanten Dichteäquivalent erfüllt.

Der Differentialquotient des universellen Potentials nach der Ortskoordinate ist Null, es gibt also keine Feldstärke.

Die Bewegung von einzelnen Himmelskörpern ist wegen der Feldstärke Null vom universellen Potential nicht beeinflusst.

Erst eine eingelagerte Masse gibt in Wechselwirkung mit dem universellen Potential bzw. der äquivalenten Massendichte jetzt einen Gradienten der durchaus anschaulicher ist, als der Begriff der Raumkrümmung.

In der Newton'schen Näherung ist nun ein Gradient in der äquivalenten Massendichte vorhanden, der zum bekannten Gravitationsgesetz führt.

Etwas Wesentliches ist bei diesem Bild passiert:

Der Gradient der zur Anziehung führt, ist nicht eine Eigenschaft der Masse, sondern eine Folge der Wechselwirkung des Körpers mit dem Feld.

Die Masse ist nur eine Stoffmenge also zunächst weder schwer noch träge

Wichtige Annahmen

Die eingelagerte Zentralmasse erregt ein entsprechendes Dichteäquivalent

Das Dichteäquivalent wird am Rande der Zentralmasse einen höheren Wert haben und dann umgekehrt proportional zum Quadrat des Abstands abfallen.

Die letztgenannte Annahme bedingt gleichwertig ein Massenäquivalent, das linear mit dem Radius anwächst.

Die Natur bestätigt diese Annahmen, wie im nächsten Abschnitt gezeigt wird.

7.3. Schwere, Trägheit und ihr gemeinsamer Ursprung

Wegen der Gleichheit der Begriffe für träge und schwere Masse in der klassischen Physik ist nun zu erwarten, dass das veranschaulichte Bild der Raumkrümmung durch einen Gradienten auch eine Basis für die Erklärung von Schwere und Trägheit als Folge einer Wechselwirkung der Masse mit dem Feld ergeben wird.

Schwere

Wir betrachten dazu zunächst nur einen Körper der Stoffmenge M (sozusagen ohne ein ihn umgebendes Potentialfeld) und dann gesondert dazu das universelle Potentialfeld noch ohne einen eingelagerten Körper.

Abbildung 1: Ein Körper der Stoffmenge M (ohne ein Potentialfeld)

Darstellung eigentlich in unbegrenzter Erstreckung ohne Rand

Abbildung 2: Das universelle Potential (frei von Gradienten) ohne Probekörper

Wenn jetzt durch die Wechselwirkung eines Körpers der Stoffmenge M mit dem ortsunabhängigen (homogenen, isotropen und universellen) Potentialfeld Φ_0 dieses Feld in der Nähe des Körpers verändert wird, so herrscht dort jetzt ein ortsabhängiges Potential, mit einem Gradienten, zunächst als Ursache der Schwere

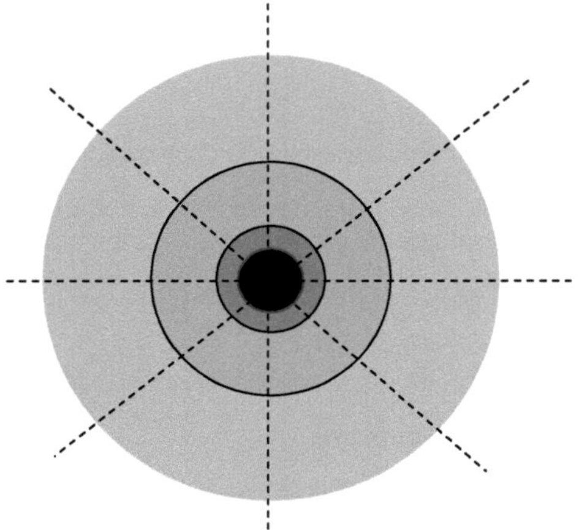

Hier ist zeichnerisch die geänderte Feldstruktur nur grob dargestellt. Es sollte die Grauschattierung nahe an der eingelagerten Masse (schwarz) am stärksten sein und nach außen laufend abnehmen

Abbildung 3: Das universelle Potential bzw. die äquivalente Massenichte mit einem durch Einlagerung einer Masse erzeugten Gradienten

Besonders wird hervorgehoben, dass die vorangegangenen Betrachtungen anschaulich zum Newton'schen Gravitationsgesetz geführt haben, aber mit der Schwere als Folge der Wechselwirkung einer ruhenden Masse mit dem universellen Potential. Die Masse selbst ist bei dieser Betrachtung lediglich eine Stoffmenge,

Neu zu berücksichtigen ist ein Beitrag des Massen- bzw. Dichteäquivalents des Feldes im Bereich des Gradienten. Beim Gravitationsgesetz von Newton gilt eine Proportionalität umgekehrt zum Quadrat des Abstands für alle innerhalb des betrachteten Abstands liegenden Massen, die alle als im Schwerpunkt vereint gedacht werden können.

Die Berücksichtigung des Anteils eines umgekehrt zum Quadrat des Radius abfallenden Dichteäquivalents ist gleichwertig mit einem linear mit dem Radius zunehmenden Massenäquivalents. Dies wird in einem eigenen Kapitel zusammen mit der Ermittlung weiterer offener Parameter begründet.

So folgt also für die Kraft im Schwerefeld:

$$K = G \cdot \frac{M + M^* \cdot r / r_R}{r^2} \cdot m = G \cdot \frac{M \cdot m}{r^2} + G \cdot \frac{M^* \cdot m}{r \cdot r_R}$$

Die zugehörigen Potentiale sind:

$$\Phi = -G \cdot \frac{M}{r} + G \cdot \frac{M^*}{r_R} \cdot \ln r$$

Der erste Term entspricht dem klassischen Newton-Gesetz, der zweite Term berücksichtigt die Erweiterung durch das Massenäquivalent.

Für kosmologisch gesehen geringe Entfernungen wie z.B. die Planetenbahnen ist der erste Term ausreichend. Für kosmologisch größere Distanzen, wie zum Beispiel Sterne am Galaxienrand, muss der 2. Term jedoch berücksichtigt werden, während der 1. Term ggf. vernachlässigt werden kann.

Trägheit

Es wird erläutert, wie bei der Beschleunigung einer Masse der Stoffmenge m auch das Phänomen der Trägheit vorstellbar wird:

> Die Lage eines massiven Körpers in dem durch Wechselwirkung mit dem universellen Potential erzeugten Gradientenfeld ist auf Grund der Symmetrie eine stabile Position.

Mit diesem Gradientenfeld wurde bereits im vorangehenden Abschnitt das Phänomen der Schwere erklärt. Und so kann man sagen, dass der Körper gewissermaßen stabil in dem von ihm selbst erregten Schwerefeld ruht.

> Zur Veränderung seiner Lage ist also eine Kraft erforderlich, die durch Masse mal Beschleunigung festgelegt ist, nämlich die Trägheitskraft.

Das Feldlinienbild kann wegen der endlichen Ausbreitungsgeschwindigkeit von Wirkungen nicht ohne Verzögerung folgen.

Jetzt wird noch auf das Feldlinienbild einer bewegten Ladung verwiesen.

Beim Feld eines bewegten Teilchens wird durch die Lorentzkontraktion eine Änderung der Linienstruktur bewirkt. Die Bewegung erfolgt längs der x-Achse.

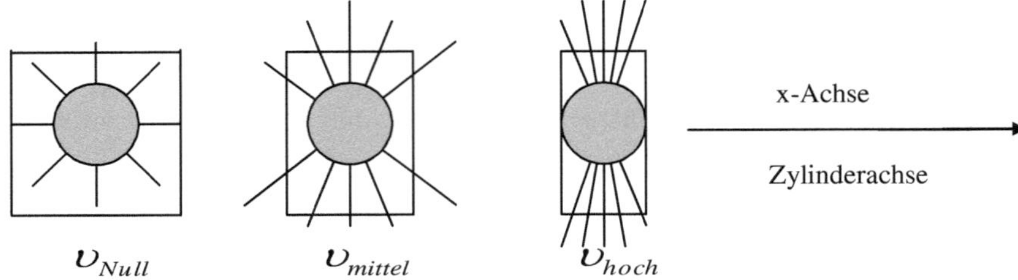

Abbildung 4: Feld eines bewegten Teilchens mit Lorenz-Kontraktion bei verschiedenen Geschwindigkeiten bzw. Energieniveaus

Im ersten Bild ruht das Teilchen, in den weiteren Bildern ist das Teilchen bewegt und ein umschriebener Zylinder erfährt in x-Richtung eine Lorentzkontraktion.

Es bleibt beim $1/r^2$ Gesetz, nur die Winkel ändern sich. Bei jeder konstanten Geschwindigkeit sorgt die Symmetrie für eine kräftefreie Bewegung.

Der Ursprung der Gleichheit von schwerer und träger Masse

Treffen die vorangegangenen Überlegungen zu, dann können die Phänomene der Schwere und der Trägheit auf eine gemeinsame Ursache zurückgeführt werden.

Dann bereitet aber auch die Erklärung ihrer Gleichheit keine Schwierigkeiten mehr.

> Die Masse ist eine invariante Stoffmenge.

> Das Phänomen der Schwere tritt auf wenn ein Gradient vorhanden ist, d.h. wenn wenigstens zwei Körper durch Wechselwirkung mit dem universellen Potential aufeinander einwirken.

> Die Trägheit ist ein Phänomen, das bei der Beschleunigung eines Körpers als Folge einer Wechselwirkung mit dem universellen Potential zustande kommt.

Wird ein Körper der Masse m von einer äußeren Kraft beschleunigt, so „sieht" er ein äquivalentes Feldlinienbild wie es auch von einem die Struktur des universellen Potentials verändernden Körper der Masse M erzeugt worden sein könnte.

Sind diese Feldlinienbilder gleich, so müssen auch die entsprechenden Kräfte gleich sein und wir sprechen so (alte Sprechweise) von der Gleichheit der schweren und der trägen Masse.

Diese Vorstellung gilt bei einer beschleunigten Bewegung, da die Struktur des Feldlinienbildes nicht verzögerungsfrei folgen kann, im Gegensatz zur Situation bei einer gleichförmigen Bewegung.

8. Beispiele zur Erklärung gravitativer Phänomene im Kosmos *Unipot.*

Ich bin davon ausgegangen, dass die Natur uns an Hand von Beispielen eine Antwort zur Erklärung gravitativer Phänomene im Kosmos gibt. Es wurden mehrere Beispiele untersucht. Das Beispiel der konstanten Umlaufgeschwindigkeit von Sternen am Galaxienrand erwies sich dazu am besten geeignet. Das wichtigste Ergebnis durch Vergleich mit der Omega-Gleichung lautet:
Dunkle, kompakte Massen, die bis heute nicht gefunden wurden, existieren nicht.
Sie werden durch nichtstoffliche aber gravitativ wirkende Massenäquivalente ersetzt.

8.1. Konstante Umlaufgeschwindigkeit von Sternen am Galaxienrand

A. Newton'sche Lösung und Widerspruch zur Erfahrung

Das zu untersuchende Phänomen betrifft die konstante Umlaufgeschwindigkeit weit außerhalb des Galaxienrandes liegender einzelner Sterne, die mit den üblichen Annahmen der klassischen Newton'schen Physik nicht erklärt werden kann.

Für die Bewegung einer Masse m um eine Zentralmasse M wird Gleichgewicht zwischen der Anziehungskraft F der Zentralmasse und der Zentrifugalkraft Z der umlaufenden Masse angenommen.

$$\text{Anziehungskraft:} \quad F = \frac{GMm}{r^2} \qquad \text{Zentrifugalkraft:} \quad Z = mr\omega^2 = m\frac{\upsilon^2}{r}$$

Mit $F = Z$ ergeben sich für die Quadrate der Umlaufgeschwindigkeit υ und der Winkelgeschwindigkeit ω einer umlaufenden Masse die Beziehungen:

$$\text{Umlaufgeschwindigkeit:} \quad \upsilon^2 = \frac{GM}{r} \qquad \text{Winkelgeschwindigkeit:} \quad \omega^2 = \frac{GM}{r^3}$$

Für die Bewegung einer einzelnen Masse (Stern) in einer Galaxie nimmt man an:

> Die innerhalb eines bestimmten Abstandes befindlichen Sternenmassen wachsen zunächst als Funktion des Radius stark an (Sternendichte).
> Sie können zu einer im Schwerpunkt gedacht liegenden Zentralmasse zusammengefasst werden.
> Die außerhalb des betrachteten Abstands liegenden Sterne liefern keinen Beitrag zum Kräftespiel.

In großen Entfernungen aber ist in jedem Fall eine starke Abnahme der Umlaufgeschwindigkeit zu erwarten, da ab einer bestimmten Entfernung praktisch kein weiterer Anstieg der gedachten Zentralmasse mehr gegeben ist.

Das Bild zeigt aber abweichend davon den heute tatsächlich beobachteten Verlauf.

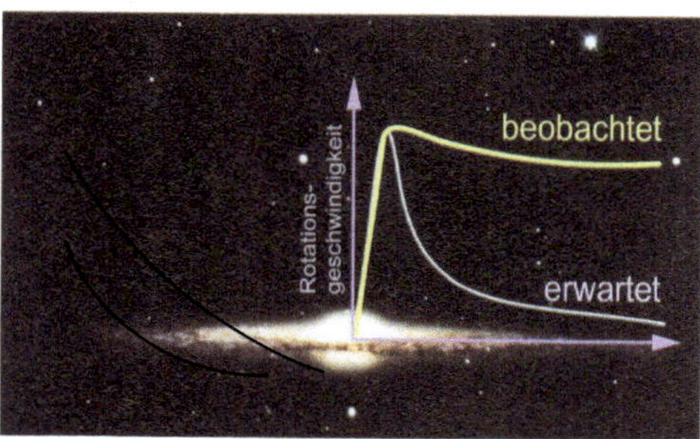

Der erwartete starke Abfall nach Newton tritt nur im frühen Universum auf und geht als Funktion der Zeit langsam in den heute beobachteten Verlauf über.

Die vielen bisherigen Erklärungsversuche zur konstanten Umlaufgeschwindigkeit einzelner weit außerhalb des Galaxienrandes liegender Sterne lassen sich grob in 3 Gruppen einteilen:

Zusätzliche, nicht sichtbare, (dunkle) kompakte Massen

Abgeändertes (logarithmisches) Potential

Modifizierung der Newton-Mechanik (Trägheitsgesetz)

Alle genannten (zum Teil nur phänomenologisch motivierten) Ansätze führen leicht zu einer konstanten Umlaufgeschwindigkeit.

B. Neue Erklärung durch nichtmaterielle Massen- bzw. Dichteäquivalente

Die Berechnung der Umlaufgeschwindigkeit über $F = Z$ enthält zunächst nur die eingelagerte, kompakte Zentralmasse. Es muss aber eine zusätzliche Gravitation z.B. durch ein Massen- bzw. Dichteäquivalent berücksichtigt werden, wie es durch Einlagerung einer massiven Zentralmasse in das universelle Potentialfeld auftritt.
Die zusätzlich zur Zentralmasse existierenden nichtmateriellen Äquivalenzwerte (Symbol*) haben eine vom Radius abhängige Verteilung. Es gilt so:

$$\upsilon^2 == G\frac{M}{r} + G\frac{M^*(r)}{r}$$

Der erste Term gibt den Verlauf nach Newton wieder. Der zweite Term bleibt für sehr große Entfernungen nur dann allein übrig und bewirkt nur dann eine konstante Umlaufgeschwindigkeit wenn er linear mit dem Radius anwächst.
Diese Erwartung wird durch die nachfolgende Rechnung bestätigt:

$$\upsilon^2 = G \cdot \frac{M^*(r)}{r} \quad \text{mit} \quad \frac{d(\upsilon^2)}{dr} = 0 \quad \text{folgt:} \quad 0 = -\frac{1}{r^2}M^*(r) + \frac{1}{r}\frac{dM^*}{dr} \quad \text{also}$$

$$\frac{dr}{r} = \frac{dM^*}{M^*} \quad \text{und folglich} \quad r = C \cdot M^* \quad \text{bzw.} \quad M^* = M_R^* \cdot \frac{r}{r_R}$$

Zu einem linear mit dem Radius anwachsenden Massenäquivalent gehört natürlich ein umgekehrt proportional zum Quadrat des Radius abfallendes Dichteäquivalent.

Wir betrachten dazu die Situation bei variablem Dichteäquivalent ρ^*.

$$\upsilon^2 = G\frac{M^*(r)}{r} = \frac{G}{r}\frac{4\pi}{3}r^3 \cdot \rho^*(r) = G\frac{4\pi}{3}r^2\rho^*(r)$$

Wie muss der Verlauf des Dichteäquivalents $\rho^*(r)$ als Funktion von r sein, damit υ bzw. υ^2 konstant wird, also nicht vom Radius abhängt?

$$\frac{d(\upsilon^2)}{dr} = 0 \quad \text{also} \quad \frac{2\upsilon \cdot d\upsilon}{dr} = G\frac{4\pi}{3}(2r \cdot \rho^* + r^2 \cdot \frac{d\rho^*}{dr}) = 0$$

Der Klammerausdruck muss Null sein, also folgt: $\quad \dfrac{d\rho^*}{\rho^*} = -2 \cdot \dfrac{dr}{r}$

Die Integration liefert: $\quad \rho^* = C \cdot r^{-2} \quad$ bzw. $\quad \rho^* = \rho_R^* \cdot (\frac{r_R}{r})^2$

Es wird besonders hervorgehoben, dass es sich um Massen- bzw. Dichteäquivalente M^* bzw. ρ^* und nicht um materielle Massen- bzw. Dichtewerte M bzw. ρ handelt.

Wird der Übergangsbereich nicht betrachtet, so gilt nach Abklingen des ersten Terms für die konstante Umlaufgeschwindigkeit bzw. Ihr Quadrat für die weit außenliegenden Randsterne die Beziehung:

$$\upsilon^2 = G\,\frac{M_R^*}{r_R}$$

Interessant ist noch die folgende weitere Umformung durch Quadrierung der oben genannten Beziehung:

$$\upsilon^4 = G \cdot M_R^* \frac{GM_R^*}{r_R^2} = GM_R^* \cdot a_R^*$$

$$a_R^* = \frac{GM_R^*}{r_R^2} \quad \text{ist die Beschleunigung}$$

Und zurück zur Formel für das Quadrat der Umlaufgeschwindigkeit gilt:

$$\upsilon^2 = \sqrt{GM_R^* \cdot a_R^*}$$

Die Umformung auf die Schreibweise in der angegebenen Form macht die Gleichung formgleich mit der Erklärung von Milgrim bei abgeändertem Trägheitsgesetz. (Modification of Newton's dynamic, Mond") und zusätzlicher Einführung einer neuen Naturkonstanten.

Hier aber erfolgte die Ableitung ohne Änderung des Trägheitsgesetzes bei sehr kleinen Beschleunigungen und ohne Einführung einer neuen Naturkonstanten.

Beziehung zur empirischen Tully-Fischer-Relation:

Als einschränkende Bedingung wird oft noch die bisher nur empirisch gesicherte Tully-Fischer-Relation genannt, mit der Leuchtkraft-Masse-Beziehung:

$$L \cong M^\alpha \qquad \text{mit} \qquad 3{,}5 \le \alpha \le 4{,}5$$

In Verbindung mit der konstanten Umlaufgeschwindigkeit von Randsternen am Galaxienrand wird dabei eine Relation angegeben, nach der die Umlaufgeschwindigkeit der Randsterne proportional zur vierten Wurzel der Leuchtkraft der sichtbaren Zentralmasse sein sollte, die wiederum proportional zur Masse ist. Dies passt zu den oben abgeleiteten Gleichungen.

Dies erzwingt aber auch eine direkte Beziehung zwischen der Zentralmasse und dem eingeführten Massenäquivalent z.B. über einen von der Entfernung des beobachteten Phänomens abhängigen Faktor.

$$M_R^* \cong M$$

Damit gilt dann die Beziehung:

$$\upsilon^2 \cong \sqrt{GM \cdot a}$$

Die aufgezeigten Beziehungen sind als eine weitere Bestätigung des Konzepts für nicht an Materie gebundene Massenäquivalente zu verstehen und unterstreichen so die Aussage, dass es dunkle, kompakte Massen nicht gibt.

8.2. Omega-Gleichung und Nichtexistenz dunkler, kompakter Materie

Nun wird nochmals die Omega-Gleichung mit möglichen Schätzwerten betrachtet.

$$\Omega = \frac{\rho_{mat}}{\rho_{cr}} + \frac{\rho_{dunkel}^{*}}{\rho_{cr}} + \frac{\rho_{\Lambda}}{\rho_{cr}}$$

$$\Omega = 1 = 0{,}03 + 0{,}24 + 0{,}73 \qquad \text{bzw.} \qquad \Omega = 1 = 0{,}04 + 0{,}24 + 0{,}72$$

Wenn eine eingelagerte Zentralmasse das etwa n-fache an Massenäquivalent erregt, so gilt ähnlich für das entsprechende mittlere Dichteäquivalent

$$n \cdot \rho_{mat} = \rho_{dunkel}^{*} \qquad\qquad \text{im o.g. Beispiel } n = 8 \ bzw. \ 6$$

Und in der Prozentgleichung ist jetzt die bis heute nicht gefundene dunkle, kompakte Masse neu durch ein nichtmaterielles Massen- bzw. Dichte-Äquivalent erklärt.

Die Annahme dunkler, kompakter Massen ist nicht mehr nötig.
Dies stützt so weiter die Einführung des universellen Potentials

$$\Phi_0 = c^2 = \frac{E}{m} = \frac{\mu}{\rho}$$

8.3. Weitere Phänomene wie HALO und Galaxienverbände

Unter Bezug auf das universelle Potential gilt als neue Erkenntnis:

> Der HALO als noch nicht genau erklärbares Phänomen beherbergt nicht seinerseits die Galaxie, sondern umgekehrt:

> Die Massen der Galaxie bewirken, eingelagert in das universelle Potentialfeld, das Phänomen des HALO samt äquivalentem Dichtegradienten und den entsprechenden gravitativen Kräften.

Die vorangegangenen Betrachtungen geben auch eine Erklärung bisher unbekannter Gravitationskräfte für den Zusammenhalt ganzer Galaxienverbände.

> Die Einlagerung von klassischen kompakten Massen (hier ganze Galaxienverbände) in das universelle Potentialfeld hat als Ergebnis der zugehörigen Wechselwirkung ein gravitativ wirksames Massen- bzw. Dichteäquivalent zur Folge.

> Bei Galaxiendurchdringung bleibt folglich der HALO erhalten.

Zusätzliche Beispiele

Bei weiteren Beispielen ist zu beachten, dass die erwarteten Effekte über den o.g. Faktor n stark vom Abstand des betrachteten Phänomens vom angenommenen Zentralkörper abhängen.

> Lichtablenkung am Sonnenrand, Einsteinradius, Shapiro-Effekt

Die exakten Lösungen sind natürlich aus der allgemeinen Relativitätstheorie bekannt. Es ist trotzdem von Interesse, inwieweit Kompatibilität mit den hier vorgestellten Überlegungen gegeben ist.

9. Die kosmische Hintergrundstrahlung bei Expansion des Kosmos

In diesem Kapitel wollte ich die Forminvarianz bei Wechsel des Bezugssystems bei einem komplexen Naturgesetz nachvollziehen. Dies bedingt natürlich auch die Erhaltung von Isotropie und Homogenität.

9.1. Das Plancksche Strahlungsgesetz, schwarzer Körper

Das Strahlungsgesetz von Planck zur Beschreibung der Hohlraumstrahlung wird in vielen Schreibweisen angegeben. Die detaillierteste Darstellung für die Strahlungseigenschaften eines Strahlers ist die spektrale Strahldichte.

Spektrale Strahldichte (Wikipedia)

$$L^0_{\Omega\nu}(\nu,T) \cdot \cos(\beta) \cdot dA \cdot d\nu \cdot d\Omega = \frac{2h\nu^3}{c^2} \cdot \left[e^{\frac{h\nu}{kT}} - 1 \right]^{-1} \cos(\beta) \cdot dA \cdot d\nu \cdot d\Omega$$

Dimension von $L^0_{\Omega\nu}(\nu,T)$ ist: $Wm^{-2}Hz^{-1}sr^{-1} = Joule \cdot m^{-2} \cdot sr^{-1}$

$L^0_{\Omega\nu}(\nu,T) \cdot \cos(\beta) \cdot dA \cdot d\nu \cdot d\Omega$ ist die Strahlungsleistung, die vom Flächenelement dA im Frequenzbereich ν und $d\nu$ in das zwischen den Azimuthwinkeln φ und $d\varphi$ sowie den Polwinkeln β und $d\beta$ aufgespannte Raumwinkelelement $d\Omega$ abgestrahlt wird. Der Kosinusfaktor berücksichtigt den Umstand, dass bei Abstrahlung in eine beliebige durch φ und $d\varphi$ gegebene Richtung nur die auf dieser Richtung senkrecht stehende Projektion $\cos(\beta) \cdot dA$ der Fläche dA als effektive Strahlfläche auftritt.

Aus ihr lassen sich alle anderen Strahlungsgrößen durch Integration über Richtungen und/oder Frequenzen ableiten, wie z.B.

> Spektrale spezifische Ausstrahlung
> Gesamtstrahldichte
> Spezifische Ausstrahlung (Stefan-Boltzmann)
> Strahlungsfluss oder Strahlungsleistung
> Spektrale Energiedichte der Hohlraumstrahlung
> Gesamtenergiedichte der Hohlraumstrahlung

Diese Situation erlaubt es, Untersuchungen über das Verhalten der Hohlraumstrahlung im expandierenden Kosmos z.B. nur auf die spektrale Strahldichte oder die spektrale spezifische Ausstrahlung zu konzentrieren, da alle anderen Größen sich ja daraus ableiten lassen.
Wir wählen als Ausgangsgleichung die spektrale spezifische Ausstrahlung.

9.2. Transformation des Planck'schen-Strahlungsgesetzes

Der Expansionsgrad wird üblicherweise durch den die Expansion kennzeichnenden Skalenfaktor beschrieben.

Der Forderung nach Beibehaltung der Forminvarianz ist am einfachsten dann zu erreichen, wenn in der zu transformierenden Gleichung die linke und die rechte Seite jeweils mit dem gleichen Skalenfaktor multipliziert wird und bei Brüchen Zähler und Nenner mit dem gleichen Skalenfaktor multipliziert werden.

Spektrale spezifische Ausstrahlung (Wikipedia)

Integriert man die spektrale Strahldichte über alle Richtungen des Halbraumes in welchen das betrachtete Flächenelement abstrahlt, so erhält man die spektrale spezifische Ausstrahlung in den Halbraum $M_\nu^0(\nu,T)$, für die gilt:

$$M_\nu^0(\nu,T) \cdot dA \cdot d\nu = \frac{2\pi \cdot h\nu^3}{c^2} \cdot \left[e^{\frac{h\nu}{kT}} - 1 \right]^{-1} dA \cdot d\nu$$

Dimension von $M_\nu^0(\nu,T)$ ist: $\qquad Wm^{-2}Hz^{-1} = Joule \cdot m^{-2}$

Expansion des Kosmos (es expandiert das Bezugssystem)

Frequenz $\quad \nu \propto S^{-1}$ $\qquad \nu = \nu_R \cdot \dfrac{S_R}{S} = \nu_R \cdot f$ $\qquad \nu = \nu_R \cdot f$

Temperatur $\quad T \propto S^{-1}$ $\qquad T = T_R \cdot \dfrac{S_R}{S} = T_R \cdot f$ $\qquad T = T_R \cdot f$

Energie $\qquad u \propto S^{-4}$ $\qquad u = u_R \cdot (\dfrac{S_R}{S})^4 = u_R \cdot f^4$ $\qquad u = u_R \cdot f^4$

Energie $\qquad u \propto T^{-4}$ $\qquad u = u_R \cdot (\dfrac{T_R}{T})^4 = u \cdot (\dfrac{S_R}{S})^4 = u_R \cdot f^4$ $\qquad u = u_R \cdot f^4$

Forminvarianz der spektralen spezifischen Ausstrahlung

Als Ausgangsformel wird die spektrale spezifische Ausstrahlung benutzt, jetzt für alle von der Expansion betroffenen Größen mit dem Index R versehen.

$$M_R^0(\nu_R,T_R) \cdot dA \cdot d\nu_R = \frac{2\pi \cdot h \cdot \nu_R^3}{c^2} \cdot \left[e^{\frac{h\nu_R}{kT_T}} - 1 \right]^{-1} dA \cdot d\nu_R$$

Dimension von $\ M_\nu^0(\nu,T)$ ist: $Wm^{-2}Hz^{-1} = Joule \cdot m^{-2}$

Das Flächenelement dA und die Naturkonstanten h und c nehmen an der Expansion nicht teil. Die Expansion mit dem mit Expansionsfaktor f liefert:

$$M_{\nu R}^0(\nu_R,T_R) \cdot f^3 \cdot dA \cdot d\nu_R \cdot f = \frac{2\pi \cdot h \cdot \nu_R^3 \cdot f^3}{c^2} \cdot \left[e^{\frac{h \cdot \nu_R \cdot f}{k \cdot T_R \cdot f}} - 1 \right]^{-1} \cdot dA \cdot d\nu_R \cdot f$$

Die Größe $\ M_{\nu R}^0(\nu_R,T_R)$ fällt mit der 3. Potenz des Expansionsfaktors ab, also ist die Forminvarianz gegeben.

Bemerkung:

So wie die Energie in J/m^3 bei Expansion doch mit S^{-4} abfällt, so fällt die spektrale spezifische Ausstrahlung in J/m^2 doch entsprechend mit S^{-3} ab. Der Grund ist das Gleichgewicht zwischen Absorbtion und Emission der Strahlung der Bezugsfläche.

Friedmann hat auf Folgendes besonders hingewiesen. Es expandiert nicht das Feld in einem festen Bezugssystem, sondern das Bezugssystem samt Feld.

Dies aber ist ein zeitlich variables Bezugssystem, bei dem natürlich Homogenität und Isotropie erhalten bleiben.

Eine lokale Änderung des Bezugssystems wird nun durch die Einlagerung von kompakten Massen bewirkt.

10. Besondere Vorgänge im Feld erfüllten Raum *Hypothesen*

10.1. Das Hubble-Gesetz und die kosmische Hintergrundstrahlung

Der heiße Urknall

Das Hubble-Gesetz und die kosmische Hintergrundstrahlung bilden die Grundlage für die Erkenntnis, dass unser Kosmos aus einem heißen, extrem dichten Anfangszustand hervorgegangen ist. (Urknall)

Das Expansionsgesetz von Hubble sagt aus, dass sich großräumig alle Galaxien bzw. Galaxienverbände mit einer Geschwindigkeit proportional zur Entfernung voneinander wegbewegen. Dies gilt unabhängig vom Standort für jeden Beobachter.

$$\dot{S} = H \cdot S$$

Dieses Expansionsgesetz ist das einzige, bei dem etwa vorhandene Homogenität und Isotropie erhalten bleiben. Da H zeitlich nicht konstant ist, wird der derzeitige Wert wird mit H_o gekennzeichnet.

Die kosmologische Konstante

Die kosmologische Konstante Λ wurde von Einstein in seine Gleichungen der allgemeinen Relativitätstheorie eingeführt, da er ein statisches Modell des Kosmos zugrund legte. Dieses Modell war aber nicht stabil und mit der Entdeckung der Hubble-Expansion bestand eigentlich keine Notwendigkeit mehr zur Beibehaltung dieses Parameters, gleichwohl er formal nicht im Widerspruch stand.

Setzt man Λ zu Null an, und ebenso die Krümmung, so kann man eine kritische Dichte ermitteln, die identisch mit dem entsprechenden Wert aus der Newton-Physik ist. Danach gibt es für die weitere Expansion drei Möglichkeiten:

> Entweder der Kosmos kollabiert wieder
> Oder der Kosmos expandiert stets weiter, und zwar immer langsamer
> Schließlich gibt es dazwischen einen Grenzfall mit genau der kritischen Dichte

Die Überraschung war groß: es gibt einen vierten Fall, nämlich eine beschleunigte Expansion des Kosmos.

Damit war die kosmologische Konstante wieder voll im Spiel. Es gibt Überlegungen, nach denen eine zeitliche Änderung dieses Werts möglich erscheint. Der Name Quintessenz hierfür erscheint eher unpassend.

Vielleicht sollte man die inzwischen akzeptierte Bezeichnung beim Hubbleparameter übernehmen, den derzeitigen Wert als kosmologische Konstante Λ_0 kennzeichnen und ansonsten vom ggf. variablen kosmologischen Parameter Λ sprechen.

Die kosmische Hintergrundstrahlung

Die kosmische Hintergrundstrahlung wird aus allen Richtungen mit der gleichen Temperatur empfangen, zurzeit etwa 2,7 K. Das hohe Maß an Homogenität und Isotropie tritt noch deutlicher in Erscheinung, wenn man alle Einflüsse der Bewegung der Erde um die Sonne, der Sonne in der Galaxis usw. herausrechnet. Alle diese Bewegungen haben eine geringe Geschwindigkeit im Vergleich zur Lichtgeschwindigkeit. Das bedeutet aber, dass bei höherer Geschwindigkeit deutliche Anisotropien auftreten müssen, die z.B. bei der üblichen Diskussion des Zwillingsparadoxons zu Schwierigkeiten führen. Dies wird später zusammen mit der Diskussion des Drillingsparadoxon behandelt.

Insgesamt gilt: Es handelt sich bei der Hintergrundstrahlung um eine Strahlung nach dem Planck-Gesetz (Schwarzkörper-Strahlung)

Dabei treten zum Verständnis zunächst folgende Probleme auf:

> Wie kam dieses hohe Maß an Homogenität und Isotropie zustande?
> War am Anfang eine unglaublich genaue Feinabstimmung vorhanden?
> Wie konnte diese Situation sich so extrem lang stabil erhalten?

Als Antwort wird eine Inflationsphase zu Beginn der Expansion angenommen, auf die in einem gesonderten Abschnitt noch näher eingegangen wird.

10.2. Die Hintergrundstrahlung als Bezugsniveau, Substratum

Bezugsniveau

Die vorangegangenen Erläuterungen zeigen, dass nach allen Korrekturen jeder Beobachter im Kosmos unabhängig von seinem Standort dieselben Erkenntnisse gewinnen muss. Für uns bedeutet dies, dass wir uns auf die allgemeine Gültigkeit unserer Erkenntnisse verlassen können, auch ohne uns (wenigstens in Gedanken) an andere Stellen im Kosmos begeben zu müssen.
Dies kann als das Prinzip der Erkenntnis-Invarianz bezeichnet werden.

Man bezeichnet in der Kosmologie einen solchen Beobachter als fundamentalen Beobachter. Alle Ereignisse im beobachteten Kosmos haben die gleiche Reihenfolge. Diese Situation erlaubt eine interessante Schlussfolgerung:

> Die kosmologische Hintergrundstrahlung kann auch als universelles Bezugsniveau betrachtet werden und wird dann als Substratum bezeichnet.

> Da alle die gleiche Reihenfolge sehen, können sie daran ihre Uhren synchronisieren.

Es ist noch zu vermerken, dass der Begriff Bezugsniveau passender ist als die Bezeichnung Bezugssystem. Es gilt: der Rand ist nirgends, der Mittelpunkt kann überall gedacht werden.

Das Substratum als universelles Bezugssystem erinnert an frühere Vorstellung eines „Äthers" den Einstein verworfen hatte. In späteren Jahren änderte er seine Meinung:

> Man kann also sagen, dass der „Äther" in der allgemeinen Relativitätstheorie neu auferstanden ist. Nur muss man sich davor hüten, diesem „Äther" stoffliche Eigenschaften zuzuschreiben.

Der Dopplereffekt

Das bekannte Zwillingsparadoxon wird meist im Zusammenhang mit dem Dopplereffekt erläutert, der besonders klar die Unsymmetrie belegt, dass nur der Reisende im Vergleich zum Zurückgebliebenen weniger altert.

Interessant ist in diesem Zusammenhang noch die Erläuterung des relativistischen, longitudinalen Dopplereffekts, mit Aufspaltung in einen kinematisch und einen energetisch begründeten Anteil, sowie der anschließende Vergleich mit dem transversalen Dopplereffekt.

Für die Zeitdauer anstelle der Frequenz angeschrieben gilt für den longitudinalen Dopplereffekt:

$$\Delta T = T \sqrt{\frac{1+\upsilon/c}{1-\upsilon/c}}$$

Die Herleitung geschieht in zwei Schritten.

Die relativistische Zeitdilatation bewirkt, dass der bewegte Sender nicht mit seinem Ruhetakt T_S arbeitet, sondern energetisch begründet mit

$$\acute{T}_S = T_S \cdot \gamma$$

Rein kinematisch muss aber wegen der Bewegung des Senders (Geschwindigkeit weg vom Empfänger bedeutet positives υ) jeder Impuls eine zusätzliche Strecke $\upsilon \cdot \acute{T}_S$ durchlaufen. Die Signale kommen also um $\Delta \acute{T}_S = \upsilon \cdot \acute{T}_S / c$ später beim Empfänger an. Es gilt also:

$$T_E = \acute{T}_S + \Delta \acute{T}_S = \acute{T}_S + v \cdot \acute{T}_S / c = \acute{T}_S (1 + \upsilon/c)$$

Dies führt insgesamt zu einer Zeitverschiebung von:

$$T_E = T_S \frac{1}{\sqrt{1-(\upsilon/c)^2}} \cdot (1+\upsilon/c) = T_S \frac{\sqrt{1+\upsilon/c} \cdot \sqrt{1+\upsilon/c}}{\sqrt{1+\upsilon/c} \cdot \sqrt{1-\upsilon/c}} = T_S \frac{\sqrt{1+\upsilon/c}}{\sqrt{1-\upsilon/c}} = T_S \cdot \gamma \cdot (1+\frac{\upsilon}{c})$$

Die gesamte Zeitverschiebung setzt sich also als Produkt aus dem energetisch und dem kinematisch begründeten Anteil zusammen.

Die übliche Umformung auf die o.g. Schreibweise lässt aber die beiden von ihrem Ursprung her verschiedenen Anteile nicht mehr erkennen.

Damit ist auch leicht einzusehen, dass die Gleichung für den transversalen Dopplereffekt, der ja ohne den kinematischen Teil auftritt, wie folgt lautet:

$$T_E = T_S \frac{1}{\sqrt{(1-(\upsilon/c)^2}} = T_S \cdot \gamma$$

Der Anteil der relativistischen Zeitdilatation ist longitudinal und transversal derselbe.

Das Drillingsparadoxon (und das Zwillingsparadoxon)

Allgemein gilt: Es ist besser nicht die Ruhe als Spezialfall der Bewegung aufzufassen, sondern die relative Ruhe als Ausgangspunkt einer Bewegung; dann ist klar wer sich relativ zu wem bewegt, nämlich derjenige der durch eine zeitlich begrenzte Beschleunigung auf ein höheres Energieniveau gebracht wurde.

Betrachten wir Drillinge die zunächst im Substrat ruhen und von denen einer ab jetzt als Bezugspunkt dient.

Nun sollen zwei der Drillinge sich gemeinsam mit der gleichen zeitlich begrenzten Beschleunigung in der gleichen aber beliebigen Richtung auf ein höheres Geschwindigkeits- bzw. Potentialniveau begeben. Ihre Uhren ticken gleich.

Einer der beiden beschleunigt später mit der gleichen zeitlich begrenzten Beschleunigung wie beim ersten Start zurück in Richtung des daheim gebliebenen.
Falls er dies in unzutreffender Weise als einen Neustart aus der Ruhe relativ zum Substrat bewertet, so erwartet er nun (falscherweise) als Folge eine weitere Zeitdilatation des Zurückgereisten im Vergleich zu sich selbst.
Der Rückkehrer aber und der Daheimgebliebene sehen sich relativ zueinander ruhen und schließen daraus zu Recht, dass nun die Zeit für beide ohne Zeitdilatation gleich tickt. Analoge Betrachtungen gelten für Zwillinge.

Eine Asymmetrie bleibt zu analysieren:

Falls die Drillinge oder die Zwillinge schon zu Beginn eine nicht vernachlässigbare Geschwindigkeit (dies ist eine ausgezeichnete Richtung) relativ zum Substratum haben. Zwei starten in entgegen gesetzte Richtungen bis eine bestimmte Geschwindigkeit erreicht ist. Klar ist, dass für beide die Zeit nur dann gleich schnell tickt falls sie senkrecht zu der ausgezeichneten Richtung beschleunigt haben und so beide im Vergleich zum Zurückgebliebenen langsamer altern da sie sich ja auf einem gleichen, aber höheren Energie- bzw. Potentialniveau befinden. Bei einem Start entgegengesetzt, aber längs der ausgezeichneten Richtung werden ihre Uhren aber nicht mehr gleich ticken, da sie sich unter den gegebenen Voraussetzungen ja auf verschiedenem Energieniveau befinden und auch relativ zum Zurückgebliebenen haben sie jeweils ein anderes Energieniveau.

Die gesamte Situation verliert jeden Charakter als Paradoxon sobald man das Substratum als Bezugsniveau akzeptiert.

10.3. Inflation und Zeitdilatation

Inflation

Es ist erstaunlich, dass über die Evolution des Universums bis zu allerfrühesten Zeiten überhaupt Aussagen möglich sind. Diese Aussagen kommen aus der Theorie der Elementarteilchen und untersuchen vor allem das Problem, wie die verschiedenen Elemente kurz nach dem Urknall entstanden sein können.

Die zugehörigen Zeitangaben benützen unseren gewohnten Zeitstandard ohne dass dazu tiefere Erläuterungen gegeben werden.

Ähnliches gilt für die Zeitangaben bei der kosmologischen Hintergrundstrahlung im frühesten Zeitpunkt des Kosmos mit Einführung der Inflationsphase.

Dabei ergibt sich aber ein besonderes Problem bezüglich Homogenität und Isotropie:

Damit alle erforderlichen Reaktionen ablaufen bzw. alle in Betracht kommenden Bereiche miteinander in Wechselwirkung treten konnten, stand bei konstantem Betrag der Lichtgeschwindigkeit am Anfang einfach nicht genug Zeit zum Ausgleich von Wechselwirkungen zwischen kausal nicht verbundenen Gebieten zur Verfügung.

Damit aber lässt sich vor allem die hohe Gleichförmigkeit, das heißt Isotropie und Homogenität, der kosmischen Hintergrundstrahlung nicht erklären.

Dies führte zum Konzept des **inflationären** Kosmos, bei dem die Ausdehnung des Kosmos in einer extrem kurzen Phase etwa von 10^{-35} sec bis 10^{-33} sec nach dem Urknall eine Expansion des noch strahlungsdominierten Kosmos um Größenordnungen von etwa 10^{40} erfahren haben soll.
Die zugehörigen Zeitangaben benutzen wieder unseren gewohnten Zeitstandard ohne dass dazu tiefere Erläuterungen gegeben werden.

Es wird das Gesetz der Konstanz des Betrags der Lichtgeschwindigkeit verletzt.

Beispiel der Myonen mit Zerfallszeit

Dieses Beispiel wird angeführt als Anregung zum Auffinden einer Alternative zur Inflation bei der Anfangsexpansion der Kosmos.

In der kosmischen Höhenstrahlung werden Myonen erzeugt die sich mit nahezu Lichtgeschwindigkeit zur Erde bewegen. Sie sollten wegen der großen Entfernung zur Erdoberfläche und ihrer sehr kurzen Halbwertszeit von nur 1,52 Mikrosekunden am Boden kaum noch nachweisbar sein.

Die fast lichtschnellen Myonen erreichen aber trotz der kurzen Zerfallszeit immer noch in hoher Anzahl die Erde.

Die spezielle Relativitätstheorie liefert die Erklärung:
Für die Myonen vergeht wegen der Zeitdilatation weniger Zeit und für sie ist die Strecke kürzer wegen der Längenkontraktion

Experimente am CERN haben das Phänomen der Zeitdilatation und Längenkontraktion beim Zerfall von Myonen im Speicherring voll bestätigt.

Würden die Myonen stabil sein, also keine Zerfallszeit aufweisen, so wäre ein gleichförmiger Strom von Myonen zu empfangen auch wenn diese extrem weit entfernt erzeugt würden.

Die bekannten Formeln aus der speziellen Relativitätstheorie lauten:

$$t = t_0 \cdot \gamma^{-1} = t_0 \cdot \sqrt{1 - \upsilon^2/c^2} \qquad \text{Zeitablauf wegen Zeitdilatation}$$

$$l = l_0 \cdot \gamma^{-1} = t_0 \cdot \sqrt{1 - \upsilon^2/c^2} \qquad \text{Längenkontraktion}$$

Zeitdilatation bei Raumexpansion

Damit alle in Betracht kommenden Bereiche miteinander in Wechselwirkung treten können, d.h. die erforderlichen Reaktionen ablaufen können, muss am Anfang der kosmischen Expansion einfach genug Zeit zur Verfügung stehen, wenn der Betrag der Lichtgeschwindigkeit konstant ist.

Es stellt sich nun die Frage, ob ähnliche Überlegungen wie bei den Myonen nun auch für die Hintergrundstrahlung im expandierenden Kosmos angestellt werden sollten, d.h. Zeitdilatation und Längenkontraktion bei der Bewegung der Photonen. Für ein Photonengas sollte dann doch hinreichend Zeit für Ausgleichsvorgänge gegeben sein

Für die Expansion des Kosmos gelten noch folgende Feststellungen bzw. Fragen:

Zu Beginn herrschte eine extrem hohe Energiedichte, die über den konstanten Umrechnungsfaktor zwischen Energie und Masse zu einem entsprechenden extrem hohen Massenäquivalent führt.

Hat das extrem hohe Massenäquivalent nach der allgemeinen Relativitätstheorie über die Zeitdilatation eine Verlangsamung des Zeittakts zur Folge? Ist ggf. auch eine Längenkontraktion zu berücksichtigen?

Steht damit doch wieder genügend Zeit für die erforderlichen Ausgleichsvorgänge zur Verfügung, die bei konstanter Lichtgeschwindigkeit zwischen kausal nicht verbundenen Regionen einfach nicht möglich ist?

Die Formeln für die Zeitdilatation und die Längenkontraktion nach der allgemeinen Relativitätstheorie lauten in der Newton'schen Näherung:

$$T_A = T_B \cdot (1 - \frac{\Delta\Phi}{c^2}) \qquad \text{Zeitdilatation}$$

$$L_A = L_B \cdot (1 - \frac{\Delta\Phi}{c^2}) \qquad \text{Längenkontraktion}$$

Dabei ist A näher an einer Masse, also beim größeren Massen- bzw. Dichteäquivalent und B ist weiter weg, also entsprechend mit einem niedrigeren Massen- bzw. Dichteäquivalent zu vergleichen. Die Frage lautet hier:

Welcher Zeitmaßstab ist zu Grunde gelegt?
Wie ist eine mögliche Zeitdilatation berücksichtigt?

Reicht eine Erklärung über die lichtschnelle Bewegung von Teilchen ähnlich wie bei den fast lichtschnellen Myonen aus, um genügend Zeit für Ausgleichsvorgänge zu gewähren, die bei Konstanz der Lichtgeschwindigkeit nicht erfolgen konnten?

Oder gibt es zusätzlich eine Erklärung für eine Zeitdilatation zum frühesten Zeitpunkt der kosmischen Expansion über die extrem hohe Massendichte, die ja auch von entsprechend großem Einfluss gewesen sein muss?
Fragen dieser Art sollten doch in den bekannten, auch populärwissenschaftlichen Veröffentlichungen wenigstens angesprochen sein.

Zum Schluss soll noch ein weiteres Problem genannt werden:

Wie konnte eine nach der Inflationsphase erreichte Homogenität und Isotropie sich bis heute so genau erhalten? War am Anfang eine unfassbare Feinabstimmung erforderlich? Oder kann bei einer Hintergrundstrahlung, die völlig gleichmäßig aus allen Richtungen bei uns eintrifft, über die Vorstellung eines Photonengases die Zeitdilatation permanent bis heute für Ausgleichsvorgänge sorgen? Gibt auch die Forderung nach Forminvarianz bei Wechsel des Bezugssystems hierfür Argumente?

11. Ein neuer Blick auf gequantelte physikalische Größen

Hier werden zwei Beispiele angeführt die wohl zunächst nur zufällig oder intuitiv erfasst und mit Quanten in Verbindung gebracht wurden.
Sie führen zunächst zu einer gewissen Veranschaulichung der Unbestimmtheitsrelation von Heisenberg. Darüber hinaus ergeben sich überraschender Weise auch noch Argumente zur Begründung einer begrenzten Reichweite gravitativer Felder.

11.1. Unbestimmtheitsrelation und korrespondierende Größen in Quanten

Wirkung in der klassischen Physik

In der klassischen Physik spielt der Begriff der Wirkung keine Rolle da sie als Produkt kleiner Größen vernachlässigt wird.

$$dW = dE \cdot dt = K \cdot dr \cdot dt = m \cdot \frac{d^2r}{dt^2} dr \cdot dt = m \frac{dv}{dt} \cdot dr \cdot dt = \frac{dp}{dt} \cdot dr \cdot dt = dp \cdot dr$$

$$dE \cdot dt - dr \cdot dp = 0 \qquad \text{bzw.} \qquad dW = 0 \qquad \text{bzw.} \qquad dE \cdot dt = dr \cdot dp$$

Wirkung in der Quantenphysik und Unbestimmtheitsrelation

Mit Einführung des Wirkungsquants h als kleinste überhaupt mögliche Wirkung gilt die Unbestimmtheitsrelation nach Heisenberg:

$$dE \cdot dt \geq h \qquad \text{bzw.} \qquad dr \cdot dp \geq h$$

Wir interpretieren die Energie zunächst als kontinuierlich teilbaren Mengenbegriff und die Zeit entsprechend als kontinuierlich teilbare Zeitspanne.

Für ein gerade noch stattfindendes Ereignis gilt dann das Gleichheitszeichen:

$$\Delta E \cdot \Delta t = h \qquad \text{bzw.} \qquad \Delta r \cdot \Delta p = h$$

Bei dieser Interpretation könnte man (in unzutreffender Weise) auch von einer Bestimmtheitsrelation sprechen.

Die Unbestimmtheitsrelation von Heisenberg besagt aber etwas ganz Anderes:

> Zwei korrespondierende Größen können grundsätzlich nicht beide gleichzeitig genau bestimmt werden.

> Das schließt aber nicht aus, dass jeweils eine Größe doch genau gemessen werden kann.

> Dies wird meist für die Zeit so angegeben

Betrachtet man die korrespondierenden Größen als in Quanten aufgebaut, so kann auch dies nicht sein.

Es gibt dann ja ein Zeitquant und so kann selbst die Zeit nicht beliebig genau, sondern nur auf ein Zeitquant genau bestimmt werden.

Damit ergibt sich aber auch eine anschauliche Deutung für Unbestimmtheitsrelation.

Und natürlich erfasst diese mögliche Interpretation nicht die vielen weitergehenden Aspekte für die Bedeutung des Wirkungsquants.

Für einen Prozess in mehreren Stufen gilt:

$$\Delta E \cdot \Delta t = nh \qquad \text{bzw.} \qquad \Delta r \cdot \Delta p = nh$$

Aber weiterhin gilt:

Bei vorgegebener Energiemenge steht die mindestnotwendige Zeitspanne fest und bei vorgegebener Zeitspanne steht die mindestnotwendige Energiemenge fest.

Ohne jede Energie ist auch nach einer beliebig langen Zeitspanne keine Wirkung zu erwarten (aus Nichts wird nichts).

In der Zeitspanne Null kann auch bei einer beliebig großen Energiemenge nichts bewirkt werden (gut Ding braucht Weile).

Bemerkung:

Wie radikal der Bruch mit der klassischen Physik ist, kann man leicht am Beispiel der Orts/Impuls-Unbestimmtheit ersehen:

Klassisch betrachtet wäre bei der Bahn einer bewegten Masse für jeden Zeitpunkteine die Änderung von Ort und Impuls messbar.

Im Bereich der Quantenphysik ist der Begriff einer Bahn nicht gegeben.

Die Wirkung in der speziellen Relativitätstheorie

In der Quantenphysik gibt es üblicherweise zwei Formulierungen für die Wirkung, nämlich als Energie/Zeit- bzw. als Orts/Impuls- Unbestimmtheit, also einmal skalar und einmal vektoriell.

In der speziellen Relativitätstheorie kann die Wirkung nun als Produkt von Viererortsvektor und Viererimpuls dargestellt werden und verbindet als „Viererwirkung" die üblichen zwei Darstellungen in einer einzigen Gleichung

$$\vec{R}(\vec{r};ct) \qquad \text{Vierer-Ortsvektor} \qquad \vec{P}(\vec{p};E/c) \qquad \text{Vierer-Impuls}$$

Nach den Rechenregeln für Vierervektoren ergibt sich als Invariante:

$$R(\Delta r; c\Delta t) \cdot P(\Delta p; \Delta E/c) = \Delta r \cdot \Delta p - \Delta E \cdot \Delta t = h - h = 0$$

Die räumliche und die zeitliche Wirkung kompensieren sich. Die Invariante der Viererwirkung ist Null.

11.2. Endliche Reichweite von gravitativen Feldern

Vorbemerkung

Eine Quantelung betrifft grundsätzlich:

> einzelne physikalische Größen
> aus Quanten aufgebaute Größen
> physikalische Prozesse, die in Quantenschritten ablaufen

In allen Fällen können die zu betrachtenden Quanten nun kompakte Materie oder nicht an nicht an Materie gebundenen Größen betreffen.

Es erhebt sich die Frage, ob wegen der Umwandelbarkeit von Materie in Energie und umgekehrt ein übergeordneter Sachverhalt hergestellt werden kann, der beide Größen einheitlich zusammenfasst.

Dies führt zu umfangreichen und mathematisch anspruchsvollen Berechnungen im Rahmen einer Raumzeitstruktur in Quanten und wird im Rahmen der hier verwendeten Näherungen nicht weiter verfolgt.

Eine getrennte Betrachtung, aber nur für nicht an Materie gebundene Größen, ergibt zunächst Folgendes:

> Es gibt eine Gleichungskette aus der die wichtigsten gequantelten Größen folgen, sofern nur wenigstens eine davon bekannt ist.

Im Folgenden wird dies möglichst nah ausgehend von den Grundgleichungen gezeigt.

Wir gehen für Photonen von der entsprechenden Energiegleichung aus, also $E = h \cdot v$ bzw. gleichwertig $E \cdot t = h$ und beginnen mit der Annahme dass es ein kleinstes Zeitquant t_P gibt:

Vorgegeben	Folge	
t_P	v_{max}	als höchste Frequenz wegen $1/t_p = v_{max}$
v_{max}	E_{max}	maximale Energie von 1 Photon wegen $E = h \cdot v$
E_{max}	p_{max}	als maximaler Impuls aus $p_{max} = E_{max}/c$
p_{max}	l_{min}	als minimale Länge aus $l_{min} \cdot p_{max} = h$

Ist der Kosmos leer, so fällt das Potential einer Masse bzw. die Feldstärke klassisch betrachtet im Unendlichen auf Null ab.

$$F = G \frac{Mm}{r^2} = m \cdot \frac{GM}{r^2} = mb \qquad \text{Kraft = Ladung mal Feldstärke}$$

$$b = \frac{GM}{r^2} \qquad \text{Beschleunigung = Feldstärke}$$

Das zugehörige Potential verläuft umgekehrt proportional zum Radius.

Es besteht keine Veranlassung nun eine begrenzte Reichweite zu erwarten.

Begrenzte Reichweite gravitativer Felder

Ist der Kosmos aber von einem universellen Potential erfüllt, dann kann dieses Potential Ausgangspunkt für eine Erklärung einer begrenzten Reichweite gravitativer Felder sein.

Die notwendigen Grundlagen hierfür wurden im Abschnitt über die konstante Umlaufgeschwindigkeit von Sternen weit außen am Galaxienrand ausführlich behandelt. Insbesondere ist für dieses Phänomen ein nicht an Materie gebundenes Massenäquivalent verantwortlich, das wirksam bleibt auch wenn der klassische Anteil nach Newton längst abgeklungen ist.

Dem universellen Potential entspricht ein konstantes, nicht an Materie gebundenes Dichteäquivalent und in gleicher Weise eine Energiedichte.

$$\rho_\infty^* = \frac{\mu}{c^2} \qquad\qquad \mu = c^2 \rho_\infty^*$$

Nach Einlagerung einer Stoffmenge erhält das Dichteäquivalent einen Gradienten, der von einem beliebigen Referenzpunkt aus umgekehrt proportional zum Quadrat des Radius verläuft. Entsprechendes gilt für die Energiedichte.

$$\rho^* = \rho_\infty \left(\frac{r_R}{r}\right)^2 \qquad\qquad \mu = \mu_\infty \left(\frac{r_R}{r}\right)^2$$

Dies gilt unabhängig davon ob uns die spezielle Art der Energie bekannt ist.

Im Großen gesehen hat also die Einlagerung einer baryonischen Stoffmenge von etwa 4% zu einem Massenäquivalent von etwa 25 % geführt.

Es stellt sich die Frage wieso 25% und nicht 40% oder mehr?

> Diese Frage hat zu Spekulationen zur Begründung einer begrenzten Reichweite gravitativer Felder geführt

Voraussetzung ist dabei, dass das betrachtete Feld als in Quanten aufgebaut betrachtet werden darf.

Es ergeben sich nun ganz neue Konsequenzen, die im Folgenden grob skizziert sind:

> Ein Dichteäquivalent mit Gradient oder eine Energiedichte mit Gradient kann nicht auf Null abfallen.

> Es muss sich dem Wert des entsprechenden Feldes ohne Gradient annähern.

> Die Annäherung erfolgt nicht erst im Unendlichen sondern geht schon bei dem Abstand zu Ende wo gerade noch weniger als ein Quant der betrachteten Größe oberhalb des entsprechenden Feldes ohne Gradienten liegt.

> Es folgt eine begrenzte Reichweite für die Feldstärke der Gravitation.

Diese Aussagen verlieren nicht an ihrer grundsätzlichen Bedeutung auch wenn sie letztlich auf Näherungen beruhen.

Schlussbemerkung und Danksagung

Es ist soviel Neues durch Änderung des Blickwinkels auf ausgewählte Phänomene der Physik gegeben, dass jetzt einfach vorrangig das Bedürfnis nach Diskussion besteht, verbunden mit der Erwartung, dass die Erkenntnisse Bestand haben, und damit die Basis für eine Veröffentlichung gegeben ist.

Besonderen Dank schulde ich:

Meinem „Advocatus Diaboli" Prof. Dr. Horst Kaltschmidt,
der mich vor manchem Irrtum bewahrt hat

Meinem „Motivator" Dipl. Ing. Johann-Georg Friedrich, der mich grade in schwierigen Phasen stets zum Weitermachen ermuntert hat

Meinem „Astrophysiker" Dipl. Ing. Ulf Wossagk, der mir den Ideenaustausch mit dem Münchner Institut für Astrophysik vermittelt hat.

Vor allem aber meinem Sohn Dr. Rolf Stangl für Interesse, Kooperation und wertvolle zusätzliche Erkenntnisse, die weit über die hier verkürzt dargelegten Ideen hinausgehen, insbesondere auf dem Gebiet der „Raumzeit in Quanten"

Und insbesondere danke ich meiner Frau Renate, die mein total einseitiges Interesse an Grundsatzfragen der Physik über viele Jahre (relativ klaglos ??) ertragen hat.

Aber ab jetzt wird alles anders!

Neubiberg, Januar 2019   Arnold Stangl

Literaturverzeichnis

Roman Sexl
Raum-Zeit-Relativität
Relativistische Phänomene in Theorie und Praxis
Verlag: Vieweg,1979   ISBN: 3-528-17236-3

Roman Sexl und Hannelore Sexl
Weiße Zwerge, schwarze Löcher
Einführung in die relativistische Astrophysik
Verlag: Vieweg, 1979   ISBN: 3-528-17214-2

Hubert Goenner
Spezielle Relativitätstheorie
Spektrum akademischer Verlag   ISBN 3-8274-1434-2

Hubert Goenner
Einführung in die Kosmologie
Spektrum Akademischer Verlag   ISBN 3-86025-332-8

Barbara Ryden
Introduction to Cosmolgy
Addison Wesley   ISBN 0-8053 8912-1

H.A. Lorentz, A. Einstein, H. Minkowky
Das Relativitätsprinzip, eine Sammlung
von Abhandlungen
B.G.Teubner   ISBN 3-519-07306-4

Helge S.Krach
Conceptions of Cosmos
Oxford University Press   ISBN 0-19-920916-2

Harald Lesch
Universum für Neugierige
Komplett Media   ISBN 978-3-8312-04450-8

Hemut Hetznecker
Expansionsgeschichte des Universums
Spektrum akademischer Verlag   ISBN 978-3-8274-1848-7

Bryan Gaensler
Kosmos Extrem
Springer Spektrum   ISBN 978-3-662-43391-1

Jürgen Neffe
Einstein, eine Biografie
Rowohlt Verlag   ISBN 3 498 046853

Harald Lesch, Jörn Müller
Kosmologie für helle Köpfe   ISBN 978-3-442-15382-4
Goldmann Verlag

Paul Heeren
Kaum Dunkle Materie in frühen Galaxien   Spektrum Kompakt, März 2017

Anhang 1

Auslösende Erkenntnis zum universellen Potential

Ursprünglich kinematisch definierte Größen wie die Lichtgeschwindigkeit und der Gammafaktor der speziellen Relativitätstheorie können energetisch interpretiert werden und eröffnen so einen neuen Blickwinkel auf viele bekannte Phänomene der Physik

Hauptergebnisse zum universellen Potential

Nicht die Lichtgeschwindigkeit ist eine Naturkonstante, sondern das universelle Potential das direkt das Quadrat der Lichtgeschwindigkeit bestimmt. Die Zeitdilatation wird durch ein Zusatzpotential bewirkt, der Wegfall dieses Zusatzpotentials begründet unseren Zeitstandard.

Es gibt keine dunklen kompakten Massen, sondern nicht an Materie gebundene gravitativ wirkende Massenäquivalente, die über das universelle Potential erklärt werden.

Die Gleichheit von Trägheit und Schwere wird auf eine gemeinsame Ursache zurückgeführt. Es wird die konstante Umlaufgeschwindigkeit von einzelnen Sternen am Galaxienrand erklärt, abweichend vom erwarteten Standardverlauf.

Einzelergebnisse zum universellen Potential

Das Quadrat der Lichtgeschwindigkeit kann vorab als Umrechnungsfaktor von Masse in Energie und umgekehrt aufgefasst werden

Das Quadrat der Lichtgeschwindigkeit kann auch als eine auf die Masse bezogene Energiedichte aufgefasst werden. Dies gilt auch im Differentiellen.

Das Quadrat der Lichtgeschwindigkeit kann damit auch als homogenes und isotropes Potential interpretiert werden.

Da in der speziellen Relativitätstheorie gezeigt ist, dass der Bezugspunkt der Energie nicht frei wählbar ist, muss dieses Potential sogar universell sein

Auch für Signalausbreitungen die weit unterhalb der Lichtgeschwindigkeit liegen gibt es ein entsprechend definiertes formelmäßig strukturgleiches Potential.

Im Falle von Signalausbreitungen im Medium ist das Potential jeweils direkt ursächlich für das Quadrat der Ausbreitungsgeschwindigkeit verantwortlich

Das Quadrat der Signalgeschwindigkeit im Medium ist bei Expansion des Mediums linear vom Skalenfaktor der Expansion abhängig

Trotz weitgehender Gleichheit im Formelmechanismus ist die Situation zur Signalausbreitung zwischen Feld erfülltem und Medium erfüllten Raum verschieden

Die Auffassung eines Potentials als Ursache für das Quadrat einer Signalgeschwindigkeit aber hat auch beim Licht Bestand

Das universelle Potential ist die eigentliche Naturkonstante, direkt gleich dem Quadrat der Lichtgeschwindigkeit

Es gibt eine energetische Interpretation des Gamma-Faktors in der SRT an Stelle der üblichen rein kinematischen Ableitung.

Die Verknüpfung der Zeitdilatation mit einem Potentialzuwachs mit gilt nicht nur für Inertialsysteme, sondern allgemein für alle Bezugssysteme der Naturgesetze.

Damit werden Energieniveaus von kinetischer Energie, potentieller und Rotationsenergie (bzw. die zugehörigen Potentiale) gleichermaßen erfasst

Bezugssysteme sind unterscheidbar durch Ihr verschiedenes Energie- bzw. Potentialniveau.

Die Invarianz (Formgleichheit) der Naturgesetze beim Übergang auf ein anders Bezugssystem ist damit nicht betroffen.

Ebenso bleiben alle Aussagen der Relativitätstheorie selbstverständlich weiterhin voll gültig

Das universelle Potential gibt auch eine Erklärung für die Ursache der Schwere und der Trägheit und sowie deren Gleichheit durch Rückführung auf eine gemeinsame Ursache

Trägheit und Schwere sind nicht Eigenschaften der Körper, sondern Folge der Interaktion von eingelagerten Massen mit dem universellen Potential

Das universelle Potential macht die konstante Umlaufgeschwindigkeit von Sternen weit außen am Galaxienrand verständlich

Die notwendigen gravitativen Kräfte zum Zusammenhalt von Galaxienverbänden sind Folge einer Gradientenbildung im universellen Potential

Der HALO um die Galaxien wird erzeugt durch die Galaxien selbst und zwar durch ihre Wechselwirkung mit dem Feld des universalen Potentials

Die bis heute nicht gefundene nichtbaryonische „dunkle, kompakte Materie" zur Erklärung vieler gravitativer Phänomene im Kosmos existiert nicht.

Auch in der Omega-Gleichung wird die dunkle, nicht baryonische kompakte Masse ersetzt durch nichtmaterielle Massenäquivalente aus dem universellen Potential

Die gravitativ wirkenden nichtmateriellen Massenäquivalente werden durch kompakte Massen erregt, die in das universelle Potential eingelagert sind.

Die Vorstellung eines universellen Bezugssystems (Substratum) wird durch eine genaue Analyse des Drillingsparadoxons (und des Zwillingsparadoxons) gestärkt.

Zeitdilatation und Längenkontraktion als Alternative zur Inflation zu Beginn der kosmischen Expansion

Aufrechterhaltung von Homogenität und Isotropie bis in die Jetztzeit aufgrund der Forderung nach Invarianz der Naturgesetze in allen Bezugssystemen.

Sind die korrespondierenden Größen der Unbestimmtheitsrelation gequantelt, so ergibt sich ein anschaulicher Zugang zur Heisenberg-Relation

Bei einer näherungsweisen Betrachtung einer Raumzeit in Quanten ergibt sich eine begrenzte Reichweite für die Feldstärke der Gravitation.

Anhang 2

Physikarbeiten Übersicht *(Verfasser: Arnold Stangl)*

Bemerkung: die Jahreszahlen beziehen sich auf die Erstausgabe. Alle Dokumente
sind inzwischen überarbeitet und tragen auf der ersten Seite das Jahr 2016

Grundsätzliches zur Physikbeschreibung
Nachtrag November 2013

Maßeinheiten und Naturkonstanten,
redaktionelle Überarbeitung Februar 2013
(im vorliegenden Dokument unter "Quantisierte Größen in der Physik" behandelt

Unbestimmtheitsrelation und spezielle Relativitätstheorie
redaktionelle Überarbeitung Mai 2013

Energetische Interpretation der Transformationsformeln der SRT
Version 4, Juli 2008

Überlegungen zur Energieformel der Speziellen Relativitätstheorie
Version 4, Juli 2008

Überlegungen zur Energieformel der Quantenphysik
Version 4, Juli 2008

Ausbreitungsgeschwindigkeit von Signalen im ruhenden Medium
Version 3, Juli 2008

Ausbreitungsgeschwindigkeit von Signalen in expandierenden Räumen
Version 6, März 2010

Physikalische Begründung einer gemeinsamen Ursache von Schwere und Trägheit
sowie der Gleichheit von träger und schwerer Masse
Version 5, September 2013

Über die Anschaulichkeit der Raum/Zeitkonzepte von spezieller und allgemeiner
Relativitätstheorie
Version Januar 2014

Umlaufgeschwindigkeit von Sternen weit außen am Galaxienrand
Physikalische Begründung durch das universelle Potential
Version April 2014

Beitrag des universellen Potentials zur Gravitation
(Grundsätzliches und Beispiele aus der Kosmologie)
Version Juli 2014

Das Planck'sche Strahlungsgesetz bei
Expansion des Kosmos
Version Juli 2015

Lichtausbreitung im expandierenden Kosmos
Version April 2015

Die Omegagleichung und nichtbaryonische dunklen Massen
Version März 2015

Anhang 3

Durchdringung von zwei Galaxienhaufen

© / Copyright: Hubble Space Telescope (HST)

Der Bullet-Cluster besteht aus zwei Galaxienhaufen die sich gegenseitig durchdrungen haben. Das heiße Wasserstoffgas (rot) hat sich verdichtet.
Die mit dem Gravitationslinsen-Effekt nachgewiesene dunkle, nicht baryonische "Materie" (blau) hat den Crash hingegen unbeeinflusst überstanden und umgibt die beiden Galaxienhaufen.

Bemerkung: Die Einführung von nicht an Materie gebundenen Massenäquivalenten an Stelle von dunklen, kompakten (bis heute nicht gefundenen) Massen erklärt zwanglos die oben geschilderte Situation durch Bildung des HALO durch die eingelagerten Massen der Galaxie und damit die Erhaltung des HALO nach Durchdringung der beiden Galaxienhaufen.

Anhang 4

Rotierende Spiralgalaxien im heutigen und im frühen Universum

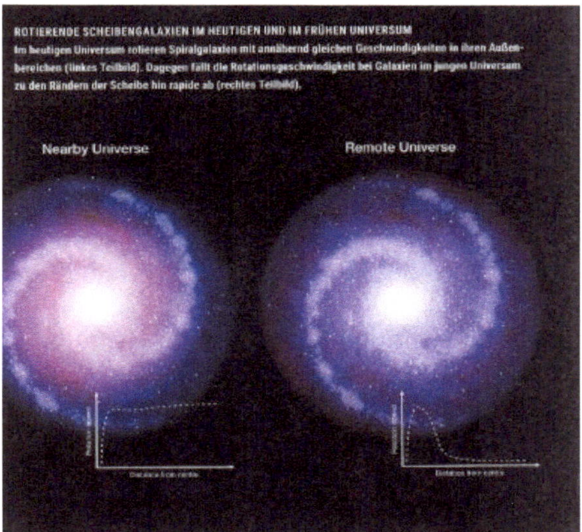

Bild aus Spektrum Kompakt, März 2017

Im frühen (remote) Universum fällt die Umlaufgeschwindigkeit von Sternen im Außenbereich der Galaxien zunächst rapide ab.

Im heutigen (nearby) Universum rotieren die Sterne im Außenbereich mit annähernd gleicher Geschwindigkeit, d.h. es gibt dort eine größere Gravitationskraft.

Dieser Zuwachs an Gravitation im Außenbereich als Funktion der Zeit erklärt sich durch Massenäquivalente die sich durch Umstrukturierung im Feld nach Einlagerung einer kompakten Masse bilden.

Bemerkung: Dunkle, kompakte Massen (die man bis heute nicht gefunden hat) existieren nicht. Sie werden ersetzt durch nicht an Materie gebundene Massenäquivalente.